MIX
Papier aus verantwortungsvollen Quellen
Paper from responsible sources
FSC® C105338

Janosch Nispel

# Rettungsboote – Entwicklungen und Chancen von Absturzsicherungen

## Handlungsvorschlag zur Verbesserung unter Last auslösender Haken

Bachelor + Master
Publishing

**Nispel, Janosch:** Rettungsboote – Entwicklungen und Chancen von Absturzsicherungen: Handlungsvorschlag zur Verbesserung unter Last auslösender Haken, Hamburg, Diplomica Verlag GmbH 2012

Originaltitel der Abschlussarbeit: Absturzsicherung an unter Last auszulösenden Aussetz- und Einholmechanismen für Rettungsboote am Beispiel von Kreuzfahrtschiffen: Falling prevention of on-load release mechanisms of rescue boats in the example of cruise ships

ISBN: 978-3-86341-241-8

Druck: Bachelor + Master Publishing, ein Imprint der Diplomica® Verlag GmbH, Hamburg, 2012

Zugl. University of Applied Sciences Bremen, Bremen, Deutschland, Diplomarbeit, April 2012

**Bibliografische Information der Deutschen Nationalbibliothek:**
Die Deutsche Nationalbibliothek verzeichnet diese Publikation in der Deutschen Nationalbibliografie; detaillierte bibliografische Daten sind im Internet über http://dnb.d-nb.de abrufbar.

Die digitale Ausgabe (eBook-Ausgabe) dieses Titels trägt die ISBN 978-3-86341-741-3 und kann über den Handel oder den Verlag bezogen werden.

Dieses Werk ist urheberrechtlich geschützt. Die dadurch begründeten Rechte, insbesondere die der Übersetzung, des Nachdrucks, des Vortrags, der Entnahme von Abbildungen und Tabellen, der Funksendung, der Mikroverfilmung oder der Vervielfältigung auf anderen Wegen und der Speicherung in Datenverarbeitungsanlagen, bleiben, auch bei nur auszugsweiser Verwertung, vorbehalten. Eine Vervielfältigung dieses Werkes oder von Teilen dieses Werkes ist auch im Einzelfall nur in den Grenzen der gesetzlichen Bestimmungen des Urheberrechtsgesetzes der Bundesrepublik Deutschland in der jeweils geltenden Fassung zulässig. Sie ist grundsätzlich vergütungspflichtig. Zuwiderhandlungen unterliegen den Strafbestimmungen des Urheberrechtes.

Die Wiedergabe von Gebrauchsnamen, Handelsnamen, Warenbezeichnungen usw. in diesem Werk berechtigt auch ohne besondere Kennzeichnung nicht zu der Annahme, dass solche Namen im Sinne der Warenzeichen- und Markenschutz-Gesetzgebung als frei zu betrachten wären und daher von jedermann benutzt werden dürften.

Die Informationen in diesem Werk wurden mit Sorgfalt erarbeitet. Dennoch können Fehler nicht vollständig ausgeschlossen werden, und die Diplomarbeiten Agentur, die Autoren oder Übersetzer übernehmen keine juristische Verantwortung oder irgendeine Haftung für evtl. verbliebene fehlerhafte Angaben und deren Folgen.

© Bachelor + Master Publishing, ein Imprint der Diplomica® Verlag GmbH
http://www.diplom.de, Hamburg 2012
Printed in Germany

# Inhaltsverzeichnis

Abbildungsverzeichnis ........................................................................................... i
Abkürzungsverzeichnis ......................................................................................... i
Vorwort .................................................................................................................. ii
Inhaltsangabe ........................................................................................................ iii
Abstract ................................................................................................................. iii
1    Einleitung ....................................................................................................... 1
2    Klärung der thematischen Begriffe ............................................................... 3
3    Ereignisse und Kontroversen zu Hakensystemen ........................................ 6
4    **Gesetzliche Grundlagen** ............................................................................ 13
    4.1    Nationale gesetzliche Grundlagen ....................................................... 13
    4.2    Internationale gesetzliche Grundlagen ................................................ 14
        4.2.1    ISM-Code ................................................................................ 14
        4.2.2    LSA-Code ................................................................................ 15
        4.2.3    SOLAS III ............................................................................... 16
5    **Untersuchungen der Defizite und Gefahren von Aussetzvorrichtungen** ........ 18
    5.1    Empfehlungen der Bundesstelle für Seeunfalluntersuchung ............... 18
    5.2    MAIB-Studie ........................................................................................ 19
    5.3    MCA Research Project 555 ................................................................. 21
6    **Reaktionen der IMO** .................................................................................. 23
    6.1    Absturzsicherungen (FPDs) ................................................................ 23
        6.1.1    Stroppen und Gurte ............................................................... 25
        6.1.2    Sicherungsstifte ..................................................................... 27
        6.1.3    BIMCO-Untersuchung ............................................................ 27
    6.2    DE 55 und MSC 89 (2011) .................................................................. 28
        6.2.1    Entschließung MSC.320(89) ................................................. 28
        6.2.2    MSC.1/Rundschreiben 1392 .................................................. 29
        6.2.3    MSC.1/Rundschreiben 1393 .................................................. 31
7    **Kreuzfahrtschiff M/S „Europa"** ................................................................. 32
    7.1    Vorschläge zur Verbesserung der Absturzsicherheit .......................... 34
        7.1.1    Einführung einer Absturzsicherung ....................................... 34
        7.1.2    Umrüstung Duplex-„E2" ......................................................... 35
    7.2    Handlungsempfehlungen für das Schiffsmanagement ........................ 36
8    **Fazit** ............................................................................................................ 40
9    **Ausblick** ..................................................................................................... 42
10   **Quellenverzeichnis** ................................................................................... 44
Anhang

# Abbildungsverzeichnis

Abbildung 1: Komponenten eines Hakensystems............................................................. 4
Abbildung 2: Stroppen zur Absturzsicherung ............................................................... 25
Abbildung 3: Falling Preventer Device, Sicherungsstift.............................................. 27
Abbildung 4: Ablaufschema des Bewertungsverfahrens ............................................. 30
Abbildung 5: Tenderboote ............................................................................................... 33
Abbildung 6: Duplex-Haken mit Anti-Blockiersystem ............................................... 35
Abbildung 7: Einführung einer Absturzsicherung ....................................................... 36

# Abkürzungsverzeichnis

| | |
|---|---|
| BG | Berufsgenossenschaft Verkehr |
| BIMCO | Baltic and International Maritime Council |
| BMA | The Bahamas Maritime Authority |
| BMVBS | Bundeministerium für Verkehr, Bau und Stadtentwicklung |
| BRZ | Bruttoraumzahl |
| BSU | Bundesstelle für Seeunfalluntersuchung |
| DE | Sub-Committee on Design and Equipment |
| EMSA | European Maritime Safety Agency |
| engl. | Englisch |
| FP | Sub-Committee on Fire Protection |
| FPDs | Fall Preventer Devices |
| GL | Germanischer Lloyd |
| GMDSS | Global Maritime Distress and Safety System |
| ILAMA | International Life-saving Appliance Manufacturers' Association |
| IMO | International Maritime Organization |
| ISM-Code | International Safety Management Code |
| LSA-Code | Life-Saving Appliances Code |
| MAIB | Marine Accident Investigation Branch |
| MCA | Maritime and Coastguard Agency |
| MED | Maritime Equipment Directive |
| MSC | Maritime Safety Committee |
| SOLAS | International Convention for the Safety of Life at Sea |
| STCW | International Convention on Standards of Training, Certification and Watchkeeping |
| STW | Sub-Committee on Standards of Training and Watchkeeping |
| VkBl. | Verkehrsblatt |

# Vorwort

*Das beste Rettungsboot ist das Schiff.*

In meiner Ausbildung habe ich gelernt, im Seenotfall solange an Bord zu bleiben, bis das Schiff verlassen werden *muss*. Für den Fall einer Evakuierung stehen die verschiedensten Rettungsmittel bereit. Während meiner Seefahrtszeit konnte ich mich mit der Handhabung von Rettungsbooten vertraut machen. Von meinen Praxissemestern auf Frachtschiffen waren mir Freifallrettungsboote bestens bekannt. Vor meinem ersten Einsatz an Bord des Kreuzfahrtschiffes M/S „Europa" hatte ich keine betriebliche Erfahrung mit seitlich auszusetzenden Booten. Dies sollte sich schnell ändern. Regelmäßig bin ich an dem Ausbooten der Gäste beteiligt gewesen. Die Gefahren von Aussetz- und Einholvorgängen waren mir zu diesem Zeitpunkt nicht bewusst. Erst einige Zeit nach Ende meines letzten Praxissemesters machte mich ein Vortrag von Herrn Kapitän Wiegmann, Mitarbeiter der Dienststelle für Schiffssicherheit, auf sie aufmerksam. Durch eigene Recherchen fiel mir die hohe Zahl von Opfern bei einem unbeabsichtigten Auslösen des Hakens auf und es drängte sich mir die Frage auf, warum an Bord keine Schutzvorrichtungen zur Verfügung standen. Mit dieser Arbeit stelle ich eine simple Lösung zur Vermeidung von katastrophalen Folgen dar. Ich möchte dazu beitragen, die Schiffssicherheit zu verbessern und Gefahren von Eigentum und Personen abzuwenden.

An dieser Stelle bedanke ich mich bei allen, die mich dabei unterstützt haben. Ohne diese Menschen wäre mir die Arbeit in dieser Form sicherlich nicht möglich gewesen. Vielen herzlichen Dank!

# Inhaltsangabe

In meiner Diplomarbeit mit dem Titel *Absturzsicherung an unter Last auszulösenden Aussetz- und Einholmechanismen für Rettungsboote am Beispiel von Kreuzfahrtschiffen* stelle ich die Einführung einer Absturzsicherung an Heißhaken seitlich aussetzbarer Rettungsboote vor. Bei der Handhabung von Rettungsmitteln ist der Haken ein wesentlicher Bestandteil des Aussetzsystems. Ich beschreibe die Gefahren von Bootsmanövern und stelle gesetzliche Grundlagen vor. Ich schlage vor, wie die Sicherheit während des Aussetzens und Einholens der Boote mit dem Einsatz einer Absturzsicherung verbessert werden kann. Insbesondere die Informationen von Herstellern, dem Flaggenstaat, der Klassifikationsgesellschaft, der Berufsgenossenschaft Verkehr und der Bundesstelle für Seeunfalluntersuchung haben mir sehr geholfen. Ich arbeite die Vorzüge einer Absturzsicherung heraus, und diskutiere die Nachteile. Auf dieser Basis gebe ich abschließend meine Handlungsempfehlung am Beispiel eines Kreuzfahrtschiffes ab.

# Abstract

In my diploma thesis, titled *Absturzsicherung an unter Last auszulösenden Aussetz- und Einholmechanismen für Rettungsboote am Beispiel von Kreuzfahrtschiffen (Falling prevention of on-load release mechanisms of rescue boats in the example of cruise ships)* I am suggesting the importance of introducing falling preventer devices (FPDs) to suspension hooks of rescue boats, as well as how this could be achieved. In terms of the handling of a survival craft, the hook is a crucial part of equipment. I am introducing the reader to the risks involved in boat launching, recovery and legal matters. I am trying to explain how safety may be improved during rescue boat drills and tender boat operations by using FPDs. I gathered my information from manufacturers, the flag state, the class society, as well as the maritime authorities of Germany, "Berufsgenossenschaft Verkehr" and "Bundesstelle für Seeunfalluntersuchung". Throughout my thesis, I am discussing the advantages as well as the disadvantages of the system. I then come to a conclusion by explaining why I recommend an immediate upgrade of the system.

# 1 Einleitung

Vor rund 100 Jahren wurde die Ausrüstung von Schiffen mit Rettungsbooten zur Pflicht. Noch immer wird der Klassiker, nämlich seitlich aussetzbare Boote, angeboten. Diese konventionellen Boote sind in allen Bereichen der Branche, auf Bohrinseln, Fracht- und Passagierschiffen zu finden.

Dass die sichere Evakuierung mit bordeigenen Rettungsmitteln unverzichtbar ist, hat die jüngste Vergangenheit gezeigt. In den vergangenen Wochen hat die Havarie des Luxuskreuzfahrtschiffes M/S „Costa Concordia" vor der Küste der italienischen Insel Giglio für Aufsehen gesorgt. Die Untersuchungen zum Unfallhergang sind noch nicht abgeschlossen. Aber auf den Bildern des Schiffsunglücks ist zu erahnen, welche Schwierigkeiten bei der Evakuierung eines Schiffes dieser Größenordnung bestehen. Bedingt durch die Schlagseite des Schiffes konnten einige der Rettungsmittel an Backbord nicht zu Wasser gebracht werden. Überlebende berichten, in ihrer Panik von Bord des Schiffes gesprungen zu sein. Für einige Passagiere und Besatzungsmitglieder kam jede Hilfe zu spät, mehrere gelten noch immer als vermisst (vgl. Tagesschau, 2012).

Tragische Verluste von Menschenleben ereignen sich aber auch ohne einen Seenotfall. Insbesondere Übungen zum Verlassen des Schiffes und Wartungsarbeiten an den Bootsanlagen bergen vielfältige Gefahren in sich. Eines der jüngsten Unglücke ereignete sich im Jahr 2011 am Rettungsboot an Bord des Kreuzfahrtschiffes „Volendam" der Holland-Amerika Linie. Während der Bootspflege stürzte eines der Rettungsboote in die Tiefe. Dabei kam ein Seemann ums Leben (vgl. TAIC, 2011).

Das sind nur zwei Beispiele, die von den Problemen beim Einsatz von Rettungsmitteln zeugen.

Aber welche Möglichkeiten einer Absturzsicherung von Rettungsbooten gibt es im 21. Jahrhundert, um mehrere hundert Menschen sicher zu evakuieren?

In dieser Arbeit wird dieser Frage nachgegangen. Dazu werden Regeln und Verbesserungen zu Hakensystemen seitlich auszusetzender Rettungsboote untersucht.

Im Anschluss an dieses Kapitel werden die grundsätzlichen Begrifflichkeiten zum Verständnis des Themas erklärt. Ein historischer Rückblick im Kapitel 3 zeigt die Entwicklung und Diskussion von Schiffssicherheit. Darauf aufbauend ist im Kapitel 4 die

Gesetzgebung beschrieben. Die Auszüge der Untersuchungsberichte im Kapitel 5 geben Empfehlungen zur Unfallverhütung wieder. Wie diese umgesetzt wurden, ist im sechsten Kapitel zu lesen. Am Beispiel eines Kreuzfahrtschiffes werden im Kapitel 7 Möglichkeiten zur Verbesserung der Hakenmechanismen erläutert. Wesentliches Ziel dieser Arbeit ist es, einen Beitrag dazu leisten, die Schiffssicherheit bei Rettungsbootsmanövern an den bestehenden Anlagen durch die Einführung einer Absturzsicherung zu verbessern. Dazu werden die Empfehlungen von Gesetzgeber und Flaggenstaat hinzugezogen. Diese Arbeit macht auch einen Vorschlag, wie die für das Jahr 2013 geplanten Richtlinien umgesetzt werden können. Mit der neuen Gesetzgebung soll dann eine mehr als zehn Jahre anhaltende Diskussion beendet werden. Das Ergebnis ist eine Handlungsempfehlung für das landseitige Schiffsmanagement. Kapitel 8 beinhaltet das Fazit und die Kernaussagen sind dort zusammengefasst. Kapitel 9 bildet mit dem Ausblick den Abschluss der Arbeit.

# 2 Klärung der thematischen Begriffe

Grundsätzlich verfolgt diese Arbeit den Anspruch, allgemein verständlich zu sein. Um dem Leser erste genauere Informationen zu der Thematik der Arbeit zu geben, werden hier die Begrifflichkeiten des Themas erklärt.

**Rettungsboote (engl.: lifeboats)**

„Moderne Rettungsboote sind gekennzeichnet durch
- hohe Festigkeit gegenüber mechanischen Belastungen (Stöße, Schläge, Zugkräfte),
- hohen Schutz der Insassen gegenüber extremen Umwelteinflüssen,
- hohe Kentersicherheit durch große positive Anfangsstabilität, große positive Hebelarme und großen Stabilitätsumfang,
- Sinksicherheit und zusätzlich eine selbstlenzende Einrichtung,
- Arretierung der Insassen in Sitzposition,
- Motorantrieb mit hoher Betriebssicherheit und ausreichender Leistung und
- gute Handhabbarkeit ohne technische Möglichkeiten für Fehlschaltungen"
(Benedict/Wand, 2011, S. 741)

**Tenderboote (engl.: tender boats)**

"Tender boats are lifeboats which are considered suitable and safe for transfer of considerable numbers of persons to the shore and back to the passenger ship if it cannot enter into the harbour. In case of emergency the tender boat serves as a lifeboat" (GL, 2008, S. 9–1).

**Absturzsicherungen (engl.: Fall Preventer Devices [FPDs])**

„Eine ‚Vorrichtung zur Absturzsicherung' [Herv. im Original] kann dazu dienen, die Verletzungs- oder Lebensgefahr dadurch zu verringern, dass eine zweite alternative Lastaufnahme vorgesehen wird, für den Fall, dass der unter Last auslösbare Heißhaken oder sein Auslösemechanismus nicht funktioniert, oder dass der unter Last auslösbare Heißhaken sich versehentlich löst" (VkBl. [Nr. 186], 2009, S. 708).

**Auslösen unter Last (engl.: on-load release)**

„*Auslösung bei Belastung* [Herv. im Original] ist der Öffnungsvorgang des Auslöse- und Wiedereinholsystems für Rettungsboote, während sich die Hakeneinheit unter Last befindet" (VkBl. [Nr. 222], 2011, S. 872).

**Aussetz- und Einholmechanismen (engl.: lifeboat release and retrieval systems)**

„*Auslöse- und Wiedereinholsystem für Rettungsboote* [Herv. im Original] ist die Vorrichtung, mit der das Rettungsboot mit den Läufern zum Fieren, Aussetzen und Wiedereinholen verbunden und von denen es gelöst wird. Es umfasst die Hakeneinheit(en) und den Betätigungsmechanismus" (VkBl. [Nr. 222], 2011, S. 871).

**Betätigungsmechanismus (engl.: operating mechanism)**

„*Betätigungsmechanismus* [Herv. im Original] ist die Vorrichtung, durch welche die Bedienungsperson das Öffnen oder Auslösen des beweglichen Teils des Hakens aktiviert. Er umfasst den Betätigungsgriff, Verbindungsstangen/Seilzüge und die hydrostatische Sperre, sofern eingebaut" (VkBl. [Nr. 222], 2011, S. 872).

**Bewegliches Teil des Hakens (engl.: movable hook component)**

„*Bewegliches Teil des Hakens* [Herv. im Original] ist der in unmittelbarer Berührung mit den Läufern verbundene Teil der Hakeneinheit, der sich bewegt, um ein Lösen von den Läufern zu ermöglichen" (VkBl. [Nr. 222], 2011, S. 871 f.)

**Hakeneinheit (engl.: hook assembly)**

„*Hakeneinheit* [Herv. im Original] ist der am Rettungsboot befestigte Mechanismus, der das Rettungsboot mit den Läufern verbindet" (VkBl. [Nr. 222], 2011, S. 871).

Die folgende Abbildung zeigt die Komponenten eines Hakensystems:

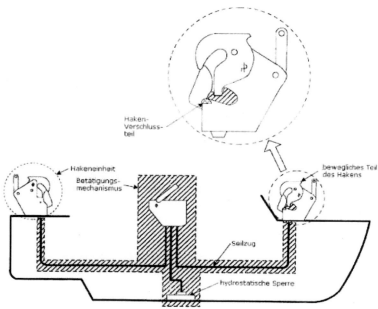

**Abbildung 1: Komponenten eines Hakensystems**
**Quelle: VkBl. [Nr. 222], 2011, S. 871**

Die Abbildung zeigt die Komplexität des Mechanismus. Um sicher zu Wasser zu gelangen, müssen alle Bestandteile einwandfrei funktionieren und sachgerecht bedient werden. Die Probleme dieser Anlagen und ihre Lösungsmöglichkeiten werden in Kapitel 5 behandelt. In dem nächsten Kapitel wird betrachtet, aus welchen Gründen dieser Mechanismus konstruiert wurde und welche Diskussionen sich daran angeschlossen haben.

# 3 Ereignisse und Kontroversen zu Hakensystemen

Die Schiffssicherheitsstandards haben sich im Laufe der Zeit immer weiter entwickelt und verändert. In diesem Kapitel werden bedeutende Organe und Ereignisse vorgestellt, die dazu einen Beitrag geleistet haben.

Als Folge einer der schwersten Schiffkatastrophen, des Untergangs des Passagierschiffes „Titanic", bei dem im Jahre 1912 mehr als 1500 Menschen ihr Leben verloren, trat 1914 die erste Version des internationalen Übereinkommens zum Schutz des menschlichen Lebens auf See (engl.: International Convention for the Safety of Life at Sea [SOLAS]) in Kraft. Das SOLAS-Übereinkommen enthält unter anderem Vorschriften zu Rettungsbooten und Feuerschutzvorkehrungen, zur Sicherung der Seefahrt und zum Funkverkehr. Seither erschienen vier verschiedene Versionen. Heute hat das SOLAS-Abkommen von 1974 Gültigkeit auf allen Schiffen mit einer Bruttoraumzahl (BRZ) von 500 und höher in der internationalen Fahrt. Für Fahrgastschiffe können gesonderte SOLAS-Regeln gelten (vgl. Benedict/Wand, 2011, S. 665).

Die Notwendigkeit der kontinuierlichen Veränderung und Erweiterung des SOLAS-Übereinkommens resultiert auch aus technischem Fortschritt und den Erfahrungen der Vergangenheit. Die „International Maritime Organization" (IMO) in London ist die gesetzgebende Gewalt der Schifffahrt. Etwa zweimal im Jahr tagt der Schiffssicherheitsausschuss (engl.: Maritime Safety Committee [MSC]). Das MSC verabschiedet auch die Entschlüsse und Richtlinien des SOLAS-Übereinkommens:

> "The MSC is the highest technical body of the Organization. It consists of all Member States. The functions of the Maritime Safety Committee are to 'consider any matter within the scope of the Organization concerned with aids to navigation, construction and equipment of vessels, manning from a safety standpoint, rules for the prevention of collisions, handling of dangerous cargoes, maritime safety procedures and requirements, hydrographic information, log-books and navigational records, marine casualty investigations, salvage and rescue and any other matters directly affecting maritime safety'. The Committee (…) has the responsibility for considering and submitting recommendations and guidelines on safety for possible adoption by the Assembly. The expanded MSC adopts amendments to conventions such as SOLAS and includes all Member States as well as those countries which are Party to conventions such as SOLAS even if they are not IMO Member States" (IMO [MSC], 2012).

Die Arbeit des Schiffssicherheitsausschusses wird durch die Ergebnisse der Unterausschüsse (engl.: Sub-Committees) unterstützt (vgl. IMO [Sub-Committee], 2012).

In den vergangen Jahren stand die Sicherheit von Rettungsbooten immer wieder auf der Tagesordnung von IMO-Sitzungen. Die Aussetz- und Einholmechanismen von Rettungsbooten sind oft ein Thema im Unterausschuss Schiffsentwurf und Ausrüstung (engl.: Design and Equipment [DE]). Die Vorschriften über Auslöse- und Wiedereinholsysteme für Rettungsboote von heute haben sich im Laufe der Zeit weiterentwickelt. Um eine Vorstellung über den zeitlichen Rahmen solcher Prozesse zu gewinnen, werden einige Ereignisse und Ergebnisse nachfolgend dargestellt.

**März 1980:** Die Bohrinsel „Alexander Kielland" kentert im Ekofisk-Feld in der Nordsee, 123 der 212 an Bord befindlichen Personen kommen ums Leben. Einige Todesfälle bei diesem Unfall wurden später auf die Tatsache zurückgeführt, dass das Rettungsboot über keine Auslösevorrichtung verfügte, sobald sein Gewicht auf Haken und Läufern lag. Es wurde daher davon ausgegangen, dass unter Last auslösbare Vorrichtungen sinnvoll wären (vgl. VkBl. [Nr. 186], 2009, S. 707).

**1982:** Die Rettungsboothersteller Fassmer und Hatecke führen gemeinsam die erste Generation von Haken des Typs „Duplex" in den Markt ein (vgl. Fassmer GmbH).

**Juli 1986:** Als Reaktion auf den schweren Unfall der „Alexander Kielland" wird für Rettungsboote die Ausrüstung mit unter Last auslösbaren Haken Vorschrift (vgl. VkBl. [Nr. 186], 2009, S. 707).

**Juli 1998:** Vorschriften für Rettungsmittel und Brandbekämpfung werden aus SOLAS in den LSA-Code, beschrieben im Abschnitt 4.2.2, übernommen (vgl. IMO, 2010, S. 1).

**März 2001:** Der Unterausschuss DE 44 macht auf die hohe Zahl von Unglücken während Rettungsbootsübungen mit unter Last öffnenden Haken aufmerksam:

> "The Sub-Committee agreed to request the MSC to include a new work programme item on measures to prevent accidents with lifeboats, following submissions by several delegations reporting a significant number of casualties and serious injuries arising during lifeboat maintenance, inspection and drills. The Sub-Committee concluded that the majority of accidents were related to failure or mal-operation of on-load release equipment. Many accidents were caused by poor maintenance or mal-adjustment of equipment which did not appear to comply with the existing provisions of SOLAS regulation III/20 (Operational readiness, maintenance and inspections), while some followed failures of communication and/or procedures. The causes of such accidents needed to be established and addressed as a matter of urgency" (IMO [DE 44], 2001).

**März 2002:** In der Sitzung DE 45 wird eine Arbeitsgruppe zur Unfallverhütung bei Rettungsbootsmanövern gegründet:

> "The Sub-Committee established a working group to discuss issues under the Sub-Committee's work plan for the development of measures to prevent accidents with lifeboats. The work is intended to address the unacceptably high number of accidents with lifeboats that have been occurring over recent years and in which crew are being injured, sometimes fatally, while participating in lifeboat drills and/or inspections" (IMO [DE 45], 2002).

**Mai 2002:** Im Rundschreiben MSC 1049 *Accidents with Lifeboats* werden Fehler bei Design, Bedienung und Wartung als Ursache für die hohe Anzahl von Rettungsbootsunfällen identifiziert. Hersteller, Flaggenstaaten, Klassifikationsgesellschaften, Eigner und Schiffsbesatzungen sollen auf die bestehenden Probleme aufmerksam werden. Um weitere Unfälle zu vermeiden, sollen Instandhaltung und Training sorgfältig ausgeführt werden (vgl. IMO [MSC 1049], 2002).

**März 2003:** Die Sitzung DE 46 regt eine Änderung der Ausbildungsrichtlinien zu einem sicheren Umgang mit Rettungsbooten an:

> "The Sub-Committee agreed to refer the training related issues arising from the draft amendments to the Sub-Committee on Standards of Training and Watchkeeping (STW). The Sub-Committee agreed to add to its work plan a short-term item on the development of guidelines for safe practices on lifeboat drills, in co-operation with the STW Sub-Committee" (IMO [DE 46], 2003).

**März 2004:** In der Sitzung DE 47 wird der Plan zur Unfallverhütung überarbeitet (vgl. IMO [DE 47], 2004).

**Mai 2004:** Der Schiffssicherheitsausschuss weicht die Regeln für Rettungsbootsmanöver auf. Bei Übungen müssen die Boote fortan nicht mehr in jedem Fall mit Personen an Bord ausgesetzt werden:

> "MSC 78 adopts amendments to SOLAS chapter III Regulation 19 (Emergency training and drills) and Regulation 20 (Operational readiness, maintenance and inspections), concerning the conditions in which lifeboat emergency training and drills should be conducted, which introduce changes to the operational tests to be conducted during weekly and monthly inspections, so as not to require the assigned crew to be on board in all cases (the amendments entered into force on 1 July 2006)" (IMO [MSC 78], 2004).

**Februar 2005:** Der Unterausschuss DE 48 diskutiert Änderungsvorschläge zu unter Last auslösbaren Hakenmechanismen von Rettungsbooten:

> "The Sub-Committee considered measures to prevent accidents with lifeboats, in particular proposed amendments to LSA-related instruments, provisions for on-load release gear and free-fall lifeboats and agreed to hold a working group at DE 49 to discuss all related issues" (IMO [DE 48], 2005).

**Januar 2006:** Aufgrund der hohen Arbeitsbelastung im Unterausschuss DE beschäftigt sich der Unterausschuss „Fire Protection" (FP) 50 mit Maßnahmen zur Verminderung bei Rettungsbootsunfällen. Der Ausschuss stellt fest:

> "The Sub-Committee agreed there was a need for further work by the Ship Design and Equipment Sub-Committee, in particular with regard to improvements to requirements for on-load release mechanisms (…)" (IMO [FP 50], 2006).

**Mai 2006:** Mit der Sitzung 81 verabschiedet der Sicherheitsausschusses Maßnahmen zur Unfallverhütung bei Rettungsbootsmanövern. Die Vorschriften über die Bemannung der Boote werden weiter gelockert:

Für mit Läufern gefierte Rettungsboote wird empfohlen, das Boot vor der Bemannung genau zu überprüfen. Es wird die Empfehlung ausgesprochen, das Boot erst nach einem kompletten Aussetz- und Einholvorgang zu bemannen. Das Boot soll nie mit mehr Personen besetzt werden, als für die Bedienung des Bootes erforderlich sind (vgl. BG-Verkehr [MSC.1/Circ. 1206], 2006)

**März 2007:** In der Sitzung des Unterausschusses DE 50 sind Maßnahmen zur Unfallverhütung bei Rettungsbooten erneut ein Thema:

> "The Sub-Committee considered measures to prevent accidents with lifeboats and agreed that MSC.1/Circ.1206 Measures to prevent accidents with lifeboats should become mandatory, by 2010 at the latest. MSC.1/Circ.1206 incorporates Guidelines for periodic servicing and maintenance of lifeboats, launching appliances and on-load release gear; Guidance on safety during abandon-ship drills using lifeboats; (…)" (IMO [DE 50], 2007).

**Februar 2008:** Im Unterausschuss DE 51 werden Maßnahmen zur Verbesserung der Sicherheit bei Rettungsbootsmanövern diskutiert:

> "The Sub-Committee took the view that Administrations should be urged to swiftly implement the Interim recommendation, taking into account that the great majority of reported lifeboat accidents involved on-load release gear; (…). Meanwhile, the Sub-Committee established a correspondence group to follow up on issues discussed during the session. In particular, the correspondence group is tasked with reviewing MSC.1/Circ.1206 to include, if necessary, (…) *launching appliances and on-load release gear* [Herv. im Original]; further considering the 'fail safe' concept with regard to lifeboat on-load release gear; develop a definition for 'on-load release hooks of poor and unstable design', explore criteria to determine poor and unstable design of such hooks and consider a timeframe for the replacement of such hooks, in order to improve the requirements for the design of this equipment, and preparing relevant draft amendments to the LSA Code (…)" (IMO [DE 51], 2008).

**Mai 2008:** In der Sitzung MSC 84 werden vorläufige Empfehlungen mit verschärften Sicherheitsstandards für die Autorisierung von Dienstleistern für Rettungsboote,

Aussetzvorrichtungen und unter Last auslösbare Heißhaken beschlossen (vgl. VkBl. [Nr. 38], 2009, S. 137 ff.).

**März 2009:** Im Unterausschuss DE 52 werden Änderungen und Empfehlungen über Maßnahmen zur Verbesserung der Sicherheit bei Rettungsbootsmanövern ausgesprochen:

> "The Sub-Committee continued its work on measures to prevent accidents with lifeboats as the number of accidents, during lifeboat drills and inspections, continues to be high, often leading to serious injuries and fatalities. Draft amendments to the International Life-Saving Appliances (LSA) Code and the Recommendation on testing of LSA were agreed, for submission to MSC 86 for approval and subsequent adoption. The draft amendments add to and replace, as appropriate, the existing paragraphs relating to on-load release systems for survival craft, to ensure they are adequately secure and cannot be released inadvertently. A related proposed draft amendment to SOLAS chapter III, to require the replacement of certain existing release hooks not complying with the new requirements, was also agreed for submission to MSC 86 for approval and subsequent adoption. Draft *Guidelines for the fitting and use of fall preventer devices (FPDs)* [Herv. im Original] were agreed for submission to MSC 86 for approval. An FPD can be used to minimize the risk of injury or death by providing a secondary alternate load path in the event of the failure of the on-load hook or its release mechanism, or of accidental release of the on-load hook, but should not be regarded as a substitute for a safe on-load release mechanism" (IMO [DE 52], 2009).

**Juni 2009:** Der Schiffssicherheitsausschuss nimmt auf seiner 86. Tagung Richtlinien für das Anbringen und die Verwendung von Vorrichtungen zur Absturzsicherung auf der Grundlage der vom Unterausschuss Schiffsentwurf und Ausrüstung auf seiner 52. Tagung gemachten Empfehlungen an (vgl. VkBl. [Nr. 186], 2009, S. 707). Rettungsboote müssen bei Übungen nicht mehr bemannt werden. Die Entscheidung, Boote mit oder ohne Personen auszusetzen, liegt von nun an im Verantwortungsbereich des Kapitäns (vgl. IMO [MSC.1/Circ, 1326], 2009, S. 1).

**Februar 2010:** Nach jahrelanger Arbeit im Sicherheitsausschusses MSC und im Unterausschuss DE kommt es zu folgenden Ergebnissen:

> "Draft guidelines to ensure release mechanisms for lifeboats are replaced with those complying with new, stricter safety standards have been agreed by the 53rd session of the Sub-Committee on Ship Design and Equipment (DE) in order to reduce the number of accidents involving lifeboats, particularly those which have occurred during drills or inspection. The draft Guidelines for evaluation and replacement of lifeboat on-load release mechanisms will be submitted to the Maritime Safety Committee in May (MSC 87) for approval, alongside the anticipated adoption of amendments to the International Life-Saving Appliances (LSA) Code and the Recommendation on testing of LSA, which require safer design of on-load release mechanisms, as well as a related draft amendment to the International Convention for the Safety of Life at Sea (SOLAS), chapter III Life-

saving appliances, which will require lifeboat on-load release mechanisms not complying with the new LSA Code requirements to be replaced no later than the next scheduled dry-docking of the ship following entry into force of the SOLAS amendments. The Sub-Committee recommended that Administrations and ship-owners be strongly urged to use the guidelines to evaluate existing lifeboat on-load release mechanisms at the earliest available opportunity, in advance of the entry into force of the new SOLAS and LSA Code amendments" (IMO [DE 53], 2010).

**Oktober 2010:** Im Unterausschuss DE 54 werden weitere Testvorschriften für Rettungsmittel erarbeitet:

"The Sub-Committee agreed draft amendments to the Revised recommendation on testing of life-saving appliances, to update a number of tests, for submission to MSC 89 in May 2011 for adoption" (IMO [DE 54], 2010).

**März 2011:** In der Sitzung DE 55 werden die Vorschläge für Aussetz- und Einholmechanismen von Rettungsbooten überarbeitet:

"The Sub-Committee agreed a draft new SOLAS regulation III/1.5, draft amendments to the LSA Code, draft Guidelines for evaluation and replacement of lifeboat release and retrieval systems and draft amendments to the Revised recommendation on testing of life-saving appliances, including the use of FPDs (fall preventer devices). The draft SOLAS amendments require the safer design of on-load release mechanisms and the replacement of existing lifeboat release hooks not complying with the amended LSA Code, in accordance with Guidelines agreed by the Sub-Committee. The Sub-Committee also continued work on making mandatory the provisions of MSC.1/Circ.1206/Rev.1 Measures to prevent accidents with lifeboats and prepared draft amendments to SOLAS regulation III/20.11.2 regarding testing of free-fall lifeboat, for submission to MSC 89 for approval, with a view to subsequent adoption" (IMO [DE 55], 2011).

**Mai 2011:** Das MSC 89 nimmt Änderungen über Rettungsbootauslösemechanismen in das SOLAS-Übereinkommen auf. Ziel ist es, verbesserte Sicherheitsstandards auf Grundlage neuer Bewertungskriterien zu erreichen:

"The MSC adopted a new paragraph 5 of SOLAS regulation III/1 to require lifeboat on-load release mechanisms not complying with new International Life-Saving Appliances (LSA) Code requirements to be replaced no later than the first scheduled dry-docking of the ship after 1 July 2014 but, in any case, not later than 1 July 2019. The SOLAS amendment, which is expected to enter into force on 1 January 2013, is intended to establish new, stricter, safety standards for lifeboat release and retrieval systems, aimed at preventing accidents during lifeboat launching, and will require the assessment and possible replacement of a large number of lifeboat release hooks. The Committee also adopted Guidelines for evaluation of and replacement of lifeboat release and retrieval systems and related amendments to the LSA Code and associated amendments to the Revised recommendation on testing of life-saving appliances (resolution MSC.81(70)). Member governments were encouraged to initiate, at the earliest opportunity, approval processes for new on-load release and retrieval systems that comply with the amendments to the LSA Code" (IMO [MSC 89], 2011).

**Februar 2012:** Im Unterausschuss DE 56 wird die Arbeit zur Verhütung von Unfällen mit Rettungsbooten weiter fortgesetzt:

> "There has been intensive work in the Sub-Committee over a number of years to address the problem of accidents with lifeboats, with the development and approval of relevant guidelines as well as the adoption of related amendments to SOLAS chapter III. In May 2011, IMO adopted a new paragraph 5 of SOLAS regulation III/1 to require lifeboat on-load release mechanisms not complying with new International Life-Saving Appliances (LSA) Code to be replaced no later than the first scheduled dry-docking of the ship after 1 July 2014 but, in any case, not later than 1 July 2019. The SOLAS amendment, which is expected to enter into force on 1 January 2013, is intended to establish new, stricter, safety standards for lifeboat release and retrieval systems, aimed at preventing accidents during lifeboat launching, and will require the assessment and possible replacement of a large number of lifeboat release hooks" (IMO [DE 56], 2012).

Ergebnisse der Konferenzen können neue Empfehlungen, Maßnahmen und Richtlinien zu bereits bestehenden Vorschriften sein. Die Schwierigkeiten und Probleme der Hakensysteme wurden bereits vor Jahren erkannt. Die geänderten Vorschriften für Aussetz- und Einholmechanismen sollen im Mai 2012 verabschiedet werden. Im Kapitel 6 werden einige neue Maßnahmen vorgestellt.

# 4 Gesetzliche Grundlagen

Das Spektrum an Vorschriften für Aussetz- und Einholmechanismen von Rettungsbooten ist breit. Für die Mechanismen gelten Auflagen verschiedener Ebenen und Institutionen. Einige sind einmalig, also bei Bau und Entwicklung zu beachten, andere müssen in regelmäßigen Abständen angewendet werden. Es existieren beispielsweise Bau-, Konstruktions-, Prüf-, Wartungs-, Bedienungs-, Klassifikations- und Flaggenstaatsvorschriften. Hersteller, Flaggenstaaten, Klassifikationsgesellschaften, Reeder und Seeleute sind von ihnen betroffen. Einige nationale und internationale Vorschriften werden in diesem Kapitel vorgestellt. Hierzu ist zu erwähnen, dass nationale Vorschriften für Absturzsicherungen sich weitestgehend an den internationalen Richtlinien orientieren und dass die IMO lediglich Empfehlungen ausspricht, die von den Flaggenstaaten zu Vorschriften gemacht werden können.

## 4.1 Nationale gesetzliche Grundlagen

Zusätzlich zu internationalen Vorschriften kann der Flaggenstaat eigene Auflagen implementieren. In Deutschland sind die Unfallverhütungsvorschriften für Unternehmen der Seefahrt unter dem Kürzel UVV See bekannt. Wichtige neue Informationen für Schiffe unter deutscher Flagge werden in Rundschreiben der Dienststelle Schiffssicherheit der Berufsgenossenschaft (BG) Verkehr veröffentlicht.

Die UVV See hat sich in den letzten Jahren deutlich gewandelt. An die Stelle von Paragrafen treten heute Schutzziele, dadurch soll die Stärkung der Verantwortung des Unternehmers erreicht werden. Durch weniger Regeln soll eine neue, risikoorientierte Prävention entstehen. Die entstehenden Handlungsspielräume erfordern eine sorgfältige Analyse der Gefahren und Risiken. Sowohl der Bordalltag als auch das Notfallmanagement sind davon betroffen. Inspektionen und Schiffsführungen stehen vor der ständigen Herausforderung, eine kontinuierliche Gefährdungsbeurteilung durchzuführen (vgl. Benedict/Wand, 2011, S. 644 ff.).

„Der Unternehmer soll:
- beurteilen, welche Gefährdungen für die Beschäftigten bei der Arbeit bestehen,
- ermitteln, welche Maßnahmen des Arbeitsschutzes erforderlich sind,

- überprüfen, ob die Maßnahmen umgesetzt werden, wirksam sind und dem neuesten Stand der Technik entsprechen,
- die Ergebnisse der Gefährdungsbeurteilung dokumentieren,
- dokumentieren, welche Maßnahmen des Arbeitsschutzes festgelegt wurden,
- dokumentieren, dass diese Maßnahmen überprüft werden und
- die meldepflichtigen Arbeitsunfälle erfassen" (Benedict/Wand, 2011, S. 647).

Durch die neuen Regelungen verschiebt sich die Verantwortung der Unternehmer:

„Während in vergangenen Jahrzehnten die Schifffahrt vor allem aus Schaden klug wurde, liegt nunmehr die Orientierung auf dem Prinzip der Vorsorge, d. h. auf der Grundlage der durchgeführten Risiko-/Gefährdungsanalyse ist vorsorglich ein entsprechendes Notfallmanagement zu gewährleisten" (Benedict/Wand, 2011, S. 699).

Die Missachtung der Schutzziele kann rechtliche Konsequenzen nach sich ziehen. Schadensfälle sollen in Zukunft unter Umkehr der Beweislast geahndet werden (vgl. Benedict/Wand, 2011, S. 646).

Welchen Schutz der Einsatz von Absturzsicherungen für Rettungsboote bieten könnte, wird in Kapitel 6 vorgestellt.

## 4.2 Internationale gesetzliche Grundlagen

Unabhängig von der Nationalität oder Klassifikationsgesellschaft eines Schiffes sind die internationalen Vorschriften für alle Beteiligten weltweit bindend. Die damit verbundenen Abkommen, Richtlinien, Empfehlungen und Probleme werden im Folgenden näher betrachtet. International gültige Regeln für den Betrieb von Aussetz- und Einholmechanismen finden sich im ISM-Code und im LSA-Code, im SOLAS-Übereinkommen und den Rundschreiben der IMO.

### 4.2.1 ISM-Code

Der internationale Code für Maßnahmen zur Organisation eines sicheren Schiffsbetriebes (engl.: International Safety Management Code [ISM-Code]) ist ein anerkannter Standard, der den sicheren und umweltschonenden Betrieb von Schiffen regelt. Der ISM-Code ist Bestandteil von Kapitel IX des SOLAS-Übereinkommens (vgl. Benedict/Wand, 2011, S. 669 f.).

„Das Besondere an diesem Code ist, dass er Reedereien und Betreibern genug Spielraum gewährt, selbst entwickelte Managementsysteme und Lösungen zu implementieren. So gesehen bietet dieser Code der Schifffahrtsindustrie die einzigartige Chance, mit eigenen Mitteln Vorschriften und Auflagen zu erfüllen" (Benedict/Wand 2011, 2011, S. 670).

Der ISM-Code beschreibt auch die Betriebsabläufe der Bootsmanöver und enthält Ablaufpläne für Notfälle.

### 4.2.2 LSA-Code

Für Rettungsboote gelten die Bestimmungen des Life-Saving Appliances-Code (LSA-Code):

"The purpose of this Code it to provide international standards for life-saving appliances required by chapter III of the International Convention of Life at Sea (SOLAS), 1974" (IMO, 2010, S. 7).

Der Code besteht aus sieben Kapiteln. Das Kapitel I definiert generell gültige Bestimmungen für Rettungsmittel (vgl. IMO, 2010, S. 7 ff.). Das Kapitel IV legt die Vorschriften für Überlebensfahrzeuge fest (vgl. IMO, 2010, S. 21 ff.). Aus Absatz 4.4.7.6 ergibt sich die Notwendigkeit von unter Last auslösenden Aussetz- und Einholmechanismen an Rettungsbooten. In den Unterabsätzen 4.4.7.6.1 bis 4.4.7.6.9 sind die genauen Kriterien für Auslösemechanismen festgeschrieben (vgl. IMO, 2010, S. 41 ff.)

Aus Kapitel VI gehen die Vorschriften für Aussetz- und Einbootungsmechanismen hervor (vgl. IMO, 2010, S. 60 ff.). Absatz 6.1.1 beschreibt die generellen Anforderungen solcher Mechanismen (vgl. IMO, 2010, S. 60 f.). Absatz 6.1.2 stellt die spezifischen Anforderungen an Rettungsboote dar, die mit Läufern und Winden ausgesetzt werden (vgl. IMO, 2010, S. 61 ff.).

In zwei Teile gegliedert, stehen die Test- und Evaluierungsvorschriften für Rettungsmittel in dem LSA-Code. Im Teil I sind die Vorschriften für Prototypen von Rettungsmitteln verzeichnet (vgl. IMO, 2010, S. 73 ff.). Im Teil I unter Punkt 6 des Codes sind die Anforderungen an die Bauart von Rettungsbooten beschrieben (vgl. IMO, 2010, S. 134 ff.). Aus Abschnitt 6.9 dieses Kapitels gehen die Testanforderungen für Auslösemechanismen hervor (vgl. IMO, 2010, S. 142 f.). Unter Punkt 8 sind die Aussetz- und Einbootungsvorschriften dargestellt (vgl. IMO, 2010, S. 162 ff.).

Im Teil II sind die Vorschriften über Tests, Produktion und Installation zu finden (vgl. IMO, 2010, S. 188 ff.). Aus Teil II, Punkt 1, des Codes kommen die allgemeinen Vorschriften über Tests, Produktion und Installation von Rettungsmitteln (vgl. IMO, 2010, S. 188 ff.). Absatz 5.3 beschäftigt sich mit Rettungsbooten und Testvorschriften (vgl. IMO, 2010, S. 191 f.). Im Punkt 6.1 werden die Vorgaben zu Aussetz- und Einholmechanismen an Läufern und Winden beschrieben (vgl. IMO, 2010, S. 192 ff.).

### 4.2.3 SOLAS III

> „Das überarbeitete Kapitel III ist in Kraft seit dem 01.07.1998. Es regelt die Ausrüstung des Schiffes mit persönlichen und kollektiven Rettungsmitteln. Es beinhaltet Regelungen zur Durchführung von Unterweisungen und Übungen" (Benedict/Wand, 2011, S. 667).

Das Kapitel III des SOLAS-Übereinkommens besteht aus Teil A und Teil B. Im Teil A sind generell gültige Bestimmungen niedergeschrieben. Der Teil B besteht aus den Sektionen eins bis fünf. Sektion eins beinhaltet Vorschriften für alle Passagierschiffe und alle Frachtschiffe.

Die Regel 10 der ersten Sektion gilt also für alle Schiffstypen. Aus Regel 10, Absatz 3, gehen auch die benötigten Qualifikationen der Rettungsbootsbesatzung hervor:

> "There shall be a sufficient number of crew members, who may be deck officers or certificated persons, on board for operating the survival craft and launching arrangements required for abandonment by the total number of persons on board" (IMO, 2004, S. 300).

Per Definition gilt als dazu qualifiziert, wer die Ausbildung als Rettungsbootmann für Überlebensfahrzeuge und Bereitschaftsboote (engl.: certificate of proficiency in survival craft and rescue boats) nachweisen kann (vgl. IMO, 2004, S. 290). Ausbildungsinhalte sind der geltenden Fassung des internationalen Übereinkommens von 1978 über die Normen für die Ausbildung, die Erteilung von Befähigungszeugnissen und den Wachdienst von Seeleuten (engl.: International Convention on Standards of Training, Certification and Watchkeeping [STCW]) zu entnehmen.

In der Sektion zwei sind zusätzliche Vorschriften ausschließlich für Passagierschiffe verzeichnet. Regel 21 der Sektion zwei für Passagierschiffe schreibt in Absatz 1.1.1 die Anzahl von geschlossenen beziehungsweise teilgeschlossenen Rettungsbooten an Bord von Passagierschiffen auf internationalen Reisen vor:

> "Passenger ships (...) shall carry (...) partially or totally enclosed lifeboats complying with the requirements of section 4.5 or 4.6 of the Code on each side of such aggregate capacity as will accommodate not less than 50 % of the total number on board. The Administration may permit the substitution of lifeboats by liferafts of equivalent total capacity provided that there shall never be less than

sufficient lifeboats on each side of the ship to accommodate 37.5 % of the total numbers on board" (IMO, 2004, S. 313 f.)

Die Vorschriften über den Ablauf und den Inhalt von Notfalltraining und Übungen befinden sich im Teil B, Sektion eins. In Regel 19, Absatz 3.3, ist die Übung zum Verlassen des Schiffes beschrieben. Absatz 3.3.5 bestimmt, dass im Rahmen dieser Übung wenigstens ein Boot bewegt werden muss:

"Each abandon ship drill shall include (…) lowering of at least one lifeboat after any necessary preparation for launching" (IMO, 2004, S. 307).

Absatz 3.3.3 ergänzt die Regel um die Anzahl der Übungen, bei denen ein Boot manövriert werden muss:

"Except as provided in paragraphs 3.3.4 and 3.3.5, each lifeboat shall be launched with its assigned crew aboard and manoeuvred in the water at least once every three months during an abandon ship drill" (IMO, 2004, S. 307).

Die letzte Regel des Abschnitts, die Regel 30, weist in Punkt zwei die Vorschriften für Übungen an Bord aller Passagierschiffe aus:

"On passenger ships, an abandon ship drill and fire drill shall take place weekly. The entire crew need not be involved in every drill, but each crew member must participate in an abandon ship drill and a fire drill each month as required in regulation 19.3.2" (IMO, 2004, S. 323).

Die SOLAS-Auszüge aus dem Jahr 2004 wurden mit einer elektronischen Kopie aus dem Jahr 2012 abgeglichen. Leider ist der Zugang zu der Datenbank nur Mitgliedern der European Maritime Safety Agency (EMSA) möglich, die Inhalte aber sind, was die zitierten Punkte angeht, identisch. Da dem Verfasser dieser Arbeit kein aktuelles, gebundenes Exemplar mit Seitenzahl zugänglich gewesen ist, wird auf das Exemplar aus dem Jahr 2004 verwiesen.

Zusammenfassend sind nun die vorgeschriebene Anzahl von Rettungsbooten, die Ausbildungsvorschriften für Bootsführer und die Notwendigkeit, wenigstens ein Boot pro Woche zu Wasser zu lassen, bekannt. Das Fahren eines Rettungsbootes ist wenigstens alle drei Monate Bestandteil der Übung zum Verlassen des Schiffes. Einige der damit verbundenen Gefahren und Risiken werden im folgenden Kapitel vorgestellt.

# 5 Untersuchungen der Defizite und Gefahren von Aussetzvorrichtungen

Die Auszüge des Kapitels 4 beschrieben einen kleinen Teil der Flut an Auflagen. Theoretisch scheint die Sicherheit von Rettungsbooten und ihren Aussetz- und Einholmechanismen durchdacht zu sein. In der Praxis aber traten elementare Probleme auf und es kam zu zahlreichen Unfällen. Die daraus resultierenden Verluste haben gezeigt, dass die Sicherheit vieler Hakensysteme von Rettungsbooten mangelhaft ist. Hergänge und Ursachen sind Gegenstand verschiedener Untersuchungen und Studien. Einige der Ergebnisse werden nun vorgestellt.

## 5.1 Empfehlungen der Bundesstelle für Seeunfalluntersuchung

Auf der Internetseite der Bundesstelle für Seeunfalluntersuchung (BSU) sind viele Analysen von Unfällen zu finden, die sich in deutschen Gewässern beziehungsweise an Bord von Schiffen unter deutscher Flagge zugetragen haben. Einige der Unfälle stehen im Zusammenhang mit Rettungsbooten. Erwähnenswert sind die Untersuchungsberichte 21/06, 215/07 und 554/07. Diese Fälle stehen in kausalem Zusammenhang mit den Aussetzvorrichtungen: Das unbeabsichtigte Öffnen der Hakensysteme führte zum Absturz der Rettungsboote. Vermutlich hätte eine Absturzsicherung in diesen Fällen die Verluste und Schäden minimiert, vielleicht sogar verhindert (vgl. BSU [21/06], 2007, [215/07], 2008 und [554/07] 2008).

Die genauen Unfallhergänge und Wiedergabe der Berichte mit allen Einzelheiten sind auf der Internetseite der BSU veröffentlicht. Auf Grundlage der Untersuchung 21/06, MT „Oliver Jacob", empfiehlt die BSU:

- den Reedern: Sorge dafür zu tragen, dass Handbücher für Boote und Hakensysteme an Bord sind, die autorisierten Wartungsfirmen im ISM zu erwähnen, und die Richtlinien gemäß MSC/Circ. 1206 umzusetzen
- den Schiffsführungen: sich mit den Handbüchern vertraut zu machen, das Bewusstsein für die Gefahren bei Rettungsbootsmanövern zu schärfen und die Rettungsbootsbesatzung aufzufordern, die Übung bei Unsicherheit abzubrechen

- den Klassifikationsgesellschaften: Verfahren zu entwickeln, welche Wartungsarbeiten nur durch autorisierte Werkstätten ermöglichen, und die Vollzähligkeit von Wartungs- und Bedienhandbüchern in den Besichtigungsrichtlinien zu verankern
- den Herstellern: nur Materialien mit erhöhter Verschleißfestigkeit und Seewasserbeständigkeit zu verwenden, Heißhakensysteme auf Selbstauslösung bei ungenügender Wartung zu überprüfen, und gegebenenfalls das Auslöseprinzip zu überarbeiten
- den Ausbildungsstätten: die Kenntnisse über verschiedene, zentral auslösbare Hakensysteme zu vertiefen
- der Berufsgenossenschaft: ein regelmäßiges Aussetzen der Rettungsboote gemäß SOLAS III, Regel 19, in ihren Kontrollen sicherzustellen und das *Handbuch für die Ausbildung im Schiffssicherungsdienst* um Informationen über Hakensysteme zu erweitern
- dem Bundesministerium für Verkehr, Bau und Stadtentwicklung (BMVBS): bei der IMO eine Untersuchung von existierenden und zukünftigen Heißhakensystemen zu ersuchen (vgl. BSU [21/06], 2007).

Das *Handbuch für die Ausbildung im Schiffssicherungsdienst* wird derzeit von Herrn Kapitän H.-J. Wiegmann der BG Verkehr überarbeitet. Nach seinen Angaben wird es auch den Umgang mit Absturzsicherungen beschreiben.

Die nationalen Untersuchungen werden um die Erkenntnisse weiterer Institutionen ergänzt. Es existieren Analysen aus der Offshoreindustrie und der Schifffahrtsbranche. Anhand der Ergebnisse von zwei der Studien werden nachfolgend einige der Probleme seitlicher Aussetzvorrichtungen von Rettungsbooten näher erläutert.

## 5.2 MAIB-Studie

Die *SAFETY STUDY 1/2001 REVIEW OF LIFEBOAT AND LAUNCHING SYSTEMS ACCIDENTS* im Auftrag der MAIB, der Stelle für Seeunfalluntersuchung Großbritanniens, stellte fundamentale Probleme an Einhol- und Auslösemechanismen fest (vgl. MAIB, 2001, Foreword).

Einleitend wird kritisiert, Bauweise und Ausrüstung von Rettungsbooten hätten sich über die Jahrzehnte kaum verändert. Über einen Zeitraum von zehn Jahren sind zwölf Seeleute bei Unfällen im Zusammenhang mit Rettungsbooten und den Aussetzvorrichtungen ums Leben gekommen. Weitere 87 sind im selben Zeitraum verletzt worden. Insbesondere die hohe Zahl an Opfern und Verletzten von Fehlern der unter Last auslösenden Haken fällt ins Auge. Sämtliche Unfälle haben sich bei Übungen oder Überprüfungen zugetragen. Diese sind von erfahrenen, qualifizierten Seeleuten durchgeführt und beaufsichtigt gewesen (vgl. MAIB, 2001, S. 1).

Die Studie kommt zu dem Ergebnis, dass es bei Benutzung von Rettungsbooten signifikante Risiken gibt. Daraus resultiert die Forderung, Effektivität und Notwendigkeit von Aussetzmechanismen zu überprüfen. Ohne Veränderungen würden sich in Zukunft weitere Unglücke ereignen. Die Unfallgefahr ist während Einschiffung und Wiederaufnahme der Boote am höchsten. Könne die Anzahl der dabei beteiligten Personen auf ein Minimum reduziert werden, würden schlicht weniger Insassen einer Gefahr ausgesetzt. Ein weiterer Kritikpunkt ist die Konstruktionsweise von Aussetzvorrichtungen für Rettungsboote. Hier fehlt es an einem innovativen Design und der Nachfrage nach einem solchen. Veränderungen sind nur langsam und nicht aus Verantwortungsbewusstsein, sondern durch Änderungen der Richtlinien eingetreten (vgl. MAIB, 2001, S. 2).

Bei vielen Aussetzmechanismen sind Bauart und Bauteile zu kompliziert. Der richtige Umgang erfordert viel Übung und Fachkenntnisse. Aber nicht nur am Training mangelt es, auch bei der Wartung kommt es zu Problemen. Es fehlt an leicht verständlichen Handbüchern mit klaren Arbeitsanweisungen. Die IMO wird aufgefordert, Nutzen und Aufwand von Rettungsbooten neu zu untersuchen. Sollte dabei der Bedarf von Aussetzsystemen festgestellt werden, sollen die Abläufe des Aussetzens standardisiert werden. Das System soll ohne Fachkenntnisse zu bedienen sein und es soll für seinen Einsatz und vor allem für Übungen sicher und zuverlässig sein, ohne jemanden zu verletzen (vgl. MAIB, 2001, S. 3).

Die Hauptursache schwerer Unfälle an den Aussetz- und Einholmechanismen steht mit dem Versagen der unter Last auslösbaren Hakensysteme in Verbindung. So sind sieben Todesfälle auf das unbeabsichtigte Öffnen der Haken zurückzuführen (vgl. MAIB, 2001, S. 7).

## 5.3 MCA Research Project 555

Im Auftrag der „Maritime and Coastguard Agency" (MCA), der Küstenwache des Vereinigten Königreichs, entstand im März 2006 das *MCA Research Project 555*. Das Projekt Nummer 555 beschäftigt sich mit der Entwicklung von Design und Sicherheit der Rettungsboote, die keine Freifallrettungsboote sind. Im Fokus der Studie stehen Mängel geschlossener Rettungsboote und Aussetzeinrichtungen. Die Probleme an unter Last auslösenden Hakensystemen werden analysiert. Als Hauptursache bei Rettungsbootsunglücken, insbesondere solcher mit Todesfolge, wird die Bauart vieler unter Last auslösbarer Haken erachtet (vgl. MCA 555, 2006, S. i).

Viele existierende Heißhaken erfüllen zwar die gängigen Vorschriften, sind aber grundsätzlich für ihren Zweck ungeeignet. Bei einigen Modellen lastet das Gewicht des Bootes auf dem Auslösemechanismus selbst. Dadurch tendiert dieser dazu, von alleine auszulösen. Es fehlt an Schutz gegen menschliches und technisches Versagen. Das Problem ist nicht das von Verbesserung der Ausbildung und Wartung. Die Lösung wäre nur die radikale Überarbeitung des Auslösesystems. Zwar ist eine verbesserte Wartung erstrebenswert, aber in Anbetracht schwindender Ressourcen, Fähigkeiten und Fertigkeiten ist es fraglich, ob dadurch eine Risikominimierung erreicht werden kann.

Eine bessere Ausbildung kann dem Problem auch nicht hinreichend gerecht werden, da Fehler menschlich sind. Im Bordalltag wirken sich zusätzlich Zeitdruck, sprachliche Barrieren, Übermüdung und schlechte Wetterbedingungen negativ aus. Vor diesem Hintergrund ist der Betrieb eines für das menschliche Versagen derart empfänglichen Systems, wie beispielsweise mangelhafte Auslösehaken, vollkommen inakzeptabel. Die Studie kommt zu dem Ergebnis, dass die Konstruktion von sicheren Auslösemechanismen realisierbar ist. Einige Haken sind bereits weit entwickelt und weisen bedeutend stabilere Eigenschaften auf (vgl. MCA 555, 2006, S. ii).

Unter Berufung auf diese Erkenntnisse folgen Empfehlungen an Hersteller, Betreiber und IMO. An erster Stelle sollen unsichere Haken identifiziert werden, sie sollen außer Betrieb genommen werden. Die dazu notwendigen Maßnahmen sollen so schnell wie möglich eingeleitet werden. Die Verantwortung der Entwicklung unter Last zuverlässig funktionierender Haken ist bei den Herstellern zu suchen. Die IMO ist aufgefordert, entsprechende Sicherheitskriterien von Aussetzvorrichtungen an Rettungsbooten im SOLAS-Abkommen zu spezifizieren. Für jedes einzelne Modell eines unter Last auslösbaren Hakens von Rettungsbooten soll dann eine Risikoanalyse nach diesen internationalen Standards durchgeführt werden (vgl. MCA 555, 2006, S. iii f.).

Um die Gefahren und Risiken einzudämmen und weitere unnötige Verluste zu vermeiden, soll übergangsweise ein Bypass verwendet werden. Bei Rettungsbootübungen und Instandhaltung soll dieser während des Aussetzens und Einholens von Booten mit unter Last auslösbaren Hakensystemen angebracht sein. Nach solchen Manövern ist der Bypass wieder zu entfernen (vgl. MCA 555, 2006, S. iv).

Das Projekt stellt Sofortmaßnahmen zur Gefahrenminimierung an Heißhaken vor und betrachtet gleichzeitig die Risiken von Rettungsmitteln in ihrer heutigen Form als weitaus vielschichtiger. Es ist an der Zeit, die Art und Weise einer Schiffsevakuierung mit gefierten Rettungsbooten zu überdenken, denn die Aussetz- und Einholmechanismen sind mit vielen Problemen behaftet. Um Winden, Haken und Boote korrekt bedienen zu können, werden praktische Kenntnisse der Seemannschaft benötigt (vgl. MCA 555, 2006, S. 5).

Die vielen Unfälle der Vergangenheit haben erheblich dazu beigetragen, dass das Vertrauen in die Funktionstüchtigkeit und Zuverlässigkeit der Aussetzanlagen sehr zurückgegangen ist (vgl. MCA 555, 2006, S. 8). Obendrein sind in Zukunft besser ausgebildete Besatzungen kaum zu erwarten (vgl. MCA 555, 2006, S. 13 f.).

Ein Reeder von Passagierschiffen berichtet, die Probleme seien nicht auf Rettungsboote zurückzuführen, sondern schlicht auf die Konstruktion der Auslöse- und Einholmechanismen. Zu den Gefahren eines unbeabsichtigten Öffnens der Haken kommen die Schwierigkeiten, unter denen die Haken zurück in Ausgangsstellung gebracht werden müssen. Dabei ist es zu Unfällen und Verletzungen gekommen. Die Verletzungsgefahr wird durch schmale Zugänge zu den Haken und einen kleinen Aktionsradius erhöht. Derselbe Reeder berichtet von starkem Verschleiß und fordert daher ein simples Design, das keine überdurchschnittlichen Kenntnisse erfordere. Sicheres Aussetzen und Einholen bräuchte Professionalität. Sowohl Deckbesatzung als auch Hotelangestellte haben zwar ein hohes Maß an Kompetenz, dennoch bedienen die Decksleute Boote und Aussetzeinrichtungen bevorzugt selbst. Insbesondere bei Aussetzmechanismen der größten Rettungsboote besteht ein Verbesserungsbedarf. Die Handhabung des mächtigen Heißgeschirrs eines Boots, zugelassen für bis zu 150 Personen, ist besonders schwierig (vgl. MCA 555, 2006, S. 18 f.).

# 6 Reaktionen der IMO

Das *Research Project 555 Development of Lifeboat Design* der UK Maritime Coastguard Agency (MCA) aus dem Jahr 2006 sowie die *Review of Lifeboat and Launching Systems Accidents* von 2001 der Marine Accident Investigation Branch (MAIB) liegen zwar schon einige Jahre zurück, doch haben die angesprochenen Missstände und Probleme Bestand bis in die Gegenwart. In dem nun folgenden Kapitel dieser Arbeit wird dargestellt, welche Reaktionen und Maßnahmen von der IMO in den vergangen Jahren erarbeitet wurden.

## 6.1 Absturzsicherungen (FPDs)

Die mit MSC.1/Rundschreiben 1327 veröffentlichte Richtlinie zeigt, dass die Probleme an bestehenden Aussetzmechanismen erkannt wurden. Die IMO publiziert mit diesem Schreiben eine Lösung, die zügig und dazu mit geringem Aufwand eine Verbesserung der Absturzsicherheit erzielen kann. An unter Last auslösenden Aussetz- und Einholmechanismen von Rettungsbooten soll mit sofortiger Wirkung ein Bypass verwendet werden. Dieser verbindet Läufer und Hakeneinheit. Die so geschaffene Absicherung schützt gegen ein unbeabsichtigtes Öffnen des Hakens. Sollte während des Aussetzens beziehungsweise Einholens des Bootes ein Fehler an dem Hakensystem auftreten, soll das Boot vor einem Absturz bewahrt werden. Sowohl technische als auch Bedienfehler sollen dann durch den Einsatz einer Vorrichtung zur Absturzsicherung weniger katastrophale Folgen haben.

Die Verwendung und korrekte Handhabung von Absturzsicherungen wird in dem MSC.1/Rundschreiben 1327 *Richtlinie für das Anbringen und die Verwendung von Vorrichtungen zur Absturzsicherung* empfohlen und beschrieben. Dieses Rundschreiben wurde im Jahr 2009 veröffentlicht, es ergänzt die bestehenden Richtlinien und Entschließungen der IMO. Mit diesem Schreiben wird dazu aufgefordert, eine Sicherung gegen ein unbeabsichtigtes Auslösen einzuführen (vgl. VkBl. [Nr 186], 2009, S. 707 ff.).

Für bestimmte Schiffstypen wie Öl-, Gas- und Chemietanker treffen gesonderte Empfehlungen zu (vgl. VkBl. [Nr 186], 2009, S. 709), in dieser Arbeit werden aber nur die für Kreuzfahrtschiffe zutreffenden Richtlinien vorgestellt.

Bei Anschaffung und Einsatz eines FPDs sollen Standardkriterien erfüllt werden und verschiedene optische Hinweise sind einzuführen. In der Nähe des Auslösehebels ist ein separater Hinweis für den Bootsführer anzubringen, der an die Entfernung der FPDs vor dem Auslösevorgang erinnert. Ein FPD muss mit einer Signalfarbe, beispielweise rot, kenntlich gemacht sein. Die Punkte, an welchen die FPDs angeschlagen werden, müssen klar zu erkennen sein. Dadurch soll verhindert werden, dass ein FPD versehentlich an die falsche Stelle gesetzt wird (vgl. VkBl. [Nr 186], 2009, S. 708 f.).

Der Einsatz eines FPDs erfordert Übung und einige Kenntnisse. Um den FPD zu erreichen, darf die Bootsbesatzung keiner Gefahr ausgesetzt werden, FPDs sollen aus dem Inneren des Bootes zu erreichen sein. Sollen sie verwendet werden, müssen Anweisungen in die Ausbildungshandbücher und den ISM-Code der Reederei aufgenommen werden. Ihre Verwendung ist für die Durchführung von Wartungsarbeiten und Übungen zu empfehlen, sofern das Boot dabei aus seiner sicheren Stauposition bewegt wird. Die Aufsicht, der Kapitän beziehungsweise seine Stellvertreter, sollen vor einem solchen Manöver sicherstellen, dass der FPD korrekt positioniert ist. Die Besatzung muss mit der Handhabung vertraut gemacht werden. Vor dem Aussetzen und während des Fierens muss der FPD kontrolliert werden. Sobald das Boot das Wasser erreicht hat, sollen FPDs leicht und sicher entfernt werden können. Sind Boot und Heißhakengeschirr verbunden und klar zum Wiedereinholen, sollen zuvor die FPDs wieder angebracht werden. FPDs sollen ständig am Rettungsboot angebracht sein und zu keinem anderen Zweck verwendet werden (vgl. VkBl. [Nr 186], 2009, S. 708 f.).

Vor Veränderungen an Heißhaken, Rettungsboot oder Davit zum Zwecke der Verwendung einer Absturzsicherung soll die Verwaltung vom Eigner oder Hersteller um Genehmigung ersucht werden (vgl. VkBl. [Nr 186], 2009, S. 709).

Von der Verwendung von Ketten oder Drähten wird dringend abgeraten. Aufgrund ihrer Beschaffenheit können Stöße nur unzureichend absorbiert werden (vgl. VkBl. [Nr 186], 2009, S. 707).

Daher wird zur Verwendung von zwei anderen Varianten, Sicherungsstiften und Stroppen oder Gurten, geraten. In den folgenden beiden Unterkapiteln werden sie genauer beschrieben.

### 6.1.1 Stroppen und Gurte

Für Stroppen und Gurte gelten zusätzliche Vorschriften. Sie müssen aus elastischen Kunstfasern gefertigt und gegen UV-Licht, Seewasser, Mikroorganismen und Öl geschützt sein. Stroppen und Gurte müssen für das Gewicht des voll besetzten Bootes samt Ausrüstung zugelassen sein. Die Zugfestigkeit muss das zulässige Gesamtgewicht des Bootes einschließlich eines sechsfachen Sicherheitsfaktors aushalten. Die Verwendung von Stroppen und Gurten darf den Betrieb der Aussetzmechanismen nicht beeinträchtigen. Stroppen und Gurte müssen zudem alle sechs Monate von der Schiffsbesatzung eingehend geprüft werden. Werden die Stroppen und Gurte durch ein unbeabsichtigtes Öffnen einer dynamischen Stoßbelastung ausgesetzt, sind sie zu ersetzen. Die Befestigungspunkte müssen dann eingehend auf Schäden überprüft werden. Der Kapitän hat über den Vorfall zu berichten (vgl. VkBl. [Nr 186], 2009, S. 708 f.).

Die Abbildung zeigt einen Stroppen zur Absturzsicherung, der von dem Hersteller Fassmer angeboten wird.

**Abbildung 2: Stroppen zur Absturzsicherung**
**Quelle: Fassmer Service 2011, S. 2**

Andere Hersteller sprechen sich ausdrücklich gegen die Anbringung eines Stroppens oder Gurtes aus. Die Firma Schat-Harding hat ein eigenes Positionspapier herausgegeben, darin wird beispielsweise zu bedenken gegeben, dass die Idee einer Absturzsicherung nicht zu Ende gedacht ist, denn es mangele bisher an Sicherheitskriterien. Sicherheitsfaktoren von FPDs und ihren Befestigungspunkten seien nicht genau festgelegt. Es fehle an genauen Längenmaßen für FPDs. Einerseits dürfe die Bedienung des Hakensystems nicht eingeschränkt werden, andererseits soll der FPD möglichst straff sitzen. Dies ist wichtig, um die Falldauer bei einem Absturz möglichst gering zu halten, sonst könnten starke dynamische Belastungen auftreten. Rettungsboot und Aussetzanlagen sind dafür aber nicht ausgelegt. Im schlimmsten Falle könne die gesamte

Hakenkonstruktion aus ihrer Verankerung reißen. Das Rettungsboot wäre stark beschädigt, möglicherweise käme es sogar zum Verlust des Bootes.

Eine der Unfallursachen sind Fehler in der Bedienung. Der Einsatz einer Absturzsicherung würde diese zusätzlich verkomplizieren und so wird daran gezweifelt, dass Schiffsbesatzungen, die nicht mit der Bedienung der Hakensysteme vertraut sind, der richtige Umgang mit einem FPD zu vermitteln ist. Die IMO-Empfehlung, FPDs auch im Seenotfall einzusetzen, würde weitere Probleme nach sich ziehen. Die Umstände, unter denen ein FPD entfernt werden müsse, seien kaum berücksichtigt. Schwierigkeiten sind das geringe Platzangebot zum Erreichen der Haken und die maritimen Umgebungsvariablen. Sofern es zu einem unbeabsichtigten Auslösen des Hakens käme, sei es zudem fast unmöglich, Boot und FPD wieder trennen zu können. Nach eigenen Angaben von Schat-Harding würden beim Umgang mit den Booten getreu den Herstellerempfehlungen keine FPDs benötigt werden. Der Hersteller empfiehlt, Wartungen nur durch ihn beziehungsweise seine offiziellen Vertreter durchführen zu lassen. Defekte Teile sollen nur durch Originalersatzteile ersetzt werden. Offiziere und Besatzungsmitglieder müssten gut ausgebildet sein, um die wöchentlichen und monatlichen Inspektionen fachgerecht durchführen zu können (vgl. Schat-Harding, o. J., S. 1 f.).

### 6.1.2 Sicherungsstifte

**Abbildung 3: Falling Preventer Device, Sicherungsstift**
**Quelle: eigene Darstellung**

Sicherungsstifte sind im Vergleich zu Stroppen und Gurten günstiger. Sie sind simpel in der Handhabung, mit einem Handgriff können sie in den Haken eingeführt werden. Sicherungsstifte können jedoch nur verwendet werden, wenn der Haken dafür vorgesehen ist. Sofern im Haken eine Öffnung für einen Stift vorhanden ist, kann dieser eingesetzt werden. Technische Veränderungen (z.B. Bohrungen) von Haken, sind ohne vorherige Genehmigung zu unterlassen. Die Festigkeit der Haken könnte dabei verringert werden (vgl. VkBl. [Nr 186], 2009, S. 708).

### 6.1.3 BIMCO-Untersuchung

Die im Abschnitt 4.1 beschriebene Risiko- und Gefährdungsanalyse soll für deutsche Schiffe eine bessere Vorsorge gewährleisten. Eine Untersuchung zum Einsatz von Absturzsicherungen bei Betreibern von Aussetz- und Einholmechanismen für Rettungsboote unter der Bundesflagge ist dem Verfasser nicht bekannt.

Eine Studie des Baltic and Maritime Council (BIMCO) zeigt einige interessante Ergebnisse über den Einsatz von FPDs. Die Studie untersuchte Schiffe mit unter Last auslösbaren Hakensystemen. Von den 307 untersuchten Schiffen haben 285 eine Absturzsicherung verwendet. Auf der Mehrheit der Schiffe wurden Stroppen benutzt, auf einigen Bolzen und auf wenigen eine Kette (vgl. BIMCO, 2010).

Aus der Studie lässt sich schließen, dass mehr als 22 der 307 Betreiber von Auslösesystemen nicht den Empfehlungen des Rundschreibens Folge leisten. Aus welchen Gründen keine FPDs eingesetzt werden, geht nicht aus der Studie hervor.

Gewiss aber kann eine neue Sicherheitskultur, wie sie nun in Deutschland gelebt werden soll, nur entstehen, wenn sie von allen Beteiligten gewollt ist. Ob ein vorbildliches Verständnis für Schiffssicherheit auf freiwilliger Prävention oder auf Basis von Vorschriften und Gesetzen erreicht werden kann, bleibt abzuwarten. Das Interesse an absturzsicheren Rettungsmitteln scheint sich jedoch noch nicht überall entsprechend den neuen Leitgedanken (weniger Paragrafen – mehr Eigenverantwortung) durchgesetzt zu haben.

## 6.2 DE 55 und MSC 89 (2011)

Im Jahr 2011 haben der Unterausschuss Schiffsentwurf und Ausrüstung, DE 55, und der Schiffssicherheitsausschuss, MSC 89, neue Richtlinien und Entschließungen für Aussetzmechanismen von Rettungsbooten veröffentlicht. Ergebnisse sind Entschließung MSC.317(89), MSC.320(89) und MSC.321(89) sowie die Richtlinien MSC.1/Rundschreiben. 1392 und MSC.1/Rundschreiben.1393. Die Entschließungen werden voraussichtlich im Mai 2012 durch den Schiffssicherheitsausschuss angenommen.

Nach jahrelangen Diskussionen stehen die dringend erforderlichen Gesetze für mehr Sicherheit an Aussetz- und Einholvorrichtungen also kurz vor ihrer Verwirklichung. Die Beschlüsse haben dann direkte Folgen auf die Sicherheit an Auslöse- und Einholmechanismen. Im Folgenden werden entscheidende geplante Neuerungen vorgestellt.

### 6.2.1 Entschließung MSC.320(89)

Der Entschluss behandelt die Veränderung der Unterpunkte der Absätze 4.4.7.6.2 bis 4.4.7.6 des LSA-Codes, in welchen die Vorschriften über Bauart, Material, Abnutzung und Fehlstellungen von Haken, seinen Bestandteilen und der Auslösevorrichtung weiter verschärft werden. Durch die neuen Vorschriften soll die Gefahr des unbeabsichtigten Auslösens bedeutend verringert werden. Die Änderungen treten zum 1. Januar 2013 in

Kraft, sofern die Vertragsregierungen keinen Einspruch erheben (vgl. VkBl. [Nr. 225], 2011, S. 878 f.).

### 6.2.2 MSC.1/Rundschreiben 1392

Das Rundschreiben 1392 richtet sich an Mitgliedsregierungen, Hersteller und Eigner von Auslöse- und Wiedereinholsystemen von Rettungsbooten. Auf Grundlage des am 27. Mai 2011 von der IMO angenommenen Rundschreibens 1392 sind alle Hersteller aufgefordert, eine sogenannte Selbstbewertung der Bauarten ihrer zugelassenen unter Last auszulösenden Aussetz- und Einholmechanismen vorzunehmen. Die Hersteller reichen die Unterlagen der Selbstbewertung bei der Verwaltung, die die Haken zugelassen hat, ein. Wird das System für übereinstimmend mit den oben genannten Regeln des LSA-Codes befunden, kann vom Hersteller die Konstruktionsüberprüfung beantragt werden. Diese wird von einer Verwaltung oder einer anerkannten Stelle durchgeführt. Mit dieser Aufgabe könnte beispielsweise die Dienststelle Schiffssicherheit der BG Verkehr beauftragt werden.

Wird dann die Übereinstimmung mit den geänderten Regeln des LSA-Codes festgestellt, kann gemäß Appendix 1 der Empfehlung MSC.1/Circ.1392 die Eignungsprüfung vom Hersteller vorgenommen werden. Beide Verfahren sollen *bis zum 01. Juli 2013* abgeschlossen sein. Die Überprüfungen bestehen unter anderem aus verschiedenen (zyklischen) Stresstests. Diese fordern beispielsweise 50 Auslösungen unter voller Nutzlast ohne Beschädigung. Die Abläufe im Detail mit den genauen Prüfungsanforderungen, Dokumentationsvorschriften und Mustern, einschließlich Verfahren für den Ersatz nicht übereinstimmender Systeme, sind den Seiten 872 ff. des Rundschreibens zu entnehmen.

Die Ergebnisse werden dann in einer Datenbank der IMO erfasst. Einmalig wird jedes Auslöse- und Wiedereinholsystem, das für übereinstimmend befunden wurde, einer Anschluss-Überholungsprüfung unterzogen. Der Hersteller oder sein Beauftragter hat die Überholungsprüfung entsprechend Anhang 1 der Maßnahmen zur Verhinderung von Unfällen mit Rettungsbooten (MSC.1/Rundschreiben 1206/Rev.1) durchzuführen. Gelten die neuen Vorschriften als erfüllt, wird darüber abschließend ein Gutachten erstellt.

Im Folgenden ist dieser Ablauf schematisch dargestellt:

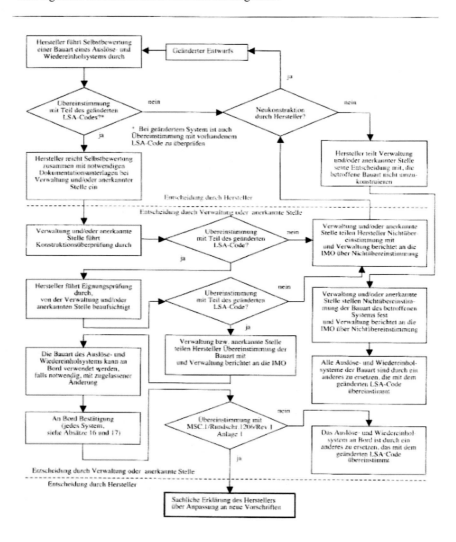

**Abbildung 4: Ablaufschema des Bewertungsverfahrens**
**Quelle: VkBl. [Nr. 222], 2011, S. 875**

Im günstigsten Fall entspricht das bestehende System bereits den neuen Bewertungskriterien, in jedem anderen Fall muss eine Modifikation erfolgen. Sollte diese unmöglich sein, muss das System ausgetauscht werden. Ein Austausch wird von der

Verwaltung überwacht und geprüft. Sind die Prüfungen erfolgreich, stellt die Verwaltung eine Abnahmeerklärung aus (vgl. VkBl. [Nr. 222], 2011, S. 869 ff.).

Eigner von Auslöse- und Wiedereinholsystemen von Rettungsbooten sind aufgefordert, unter Last auslösbare Auslösesysteme mit einer Vorrichtung zur Absturzsicherung auszurüsten. Die FPDs haben dem MSC1./Rundschreiben 1327 zu entsprechen (die darin enthaltenen Informationen wurden im Abschnitt 6.1 dieser Arbeit vorgestellt). FPDs sind so lange zu verwenden, bis das Hakensystem (übereinstimmend mit Rundschreiben 1392) abgenommen wurde. Sicherungsstifte können Bestandteil des neuen Hakensystems bleiben, und müssen dann weiterhin eingesetzt werden.

Treten die neuen Regelungen in Kraft, müssen bestehende Hakensysteme spätestens bis zum Zeitpunkt der nächsten Dockung nach dem 1. Juli 2014, aber nicht später als bis zum 1. Juli 2019 die Anforderungen gemäß Entschließung MSC.320(89) erfüllen.

### 6.2.3 MSC.1/Rundschreiben 1393

Rundschreiben 1393 dimensioniert den zeitlichen Rahmen der Änderungen des Kapitels IV des LSA-Codes für neue Schiffe. Mitgliedsregierungen sollen sich für eine umgehende Umsetzung der Forderungen aus dem Rundschreiben 1392 stark machen. Neubauten, die nach oder am 1. Juli 2014 gebaut werden, haben den Anforderungen für unter Last auszulösende Aussetz- und Einholmechanismen gemäß Entschließung MSC.320(89) zu entsprechen. Auf bereits im Bau befindlichen Schiffen, die am oder nach dem 20. Mai 2011 und vor dem 01. Juli 2014 kielgelegt werden, sollen die Richtlinien ebenfalls Anwendung finden (vgl. VkBl. [Nr. 223], 2011, S. 877).

# 7 Kreuzfahrtschiff M/S „Europa"

Treten die neuen Regeln so wie geplant in Kraft, stehen alle Beteiligten, Klassifikationsgesellschaften, Hersteller, Reeder, Flaggenstaaten und Seeleute vor der Herausforderung, diese in die Praxis umzusetzen. Dieses Kapitel beschreibt dem Schiffsmanagement an Land Möglichkeiten, die geplanten neuen Regeln umzusetzen, und zwar am Beispiel des Kreuzfahrtschiffes M/S „Europa".

M/S „Europa" ist für maximal 408 Passagiere und 285 Besatzungsmitglieder zugelassen (vgl. M/S EUROPA, November 2012 – April 2014, Rückseite des Einbandes). Es ergibt sich eine maximale Anzahl von 693 Personen an Bord. Aus den unter Punkt 4.2.3 genannten Bedingungen leitet sich ab, dass an Bord von M/S „Europa" an jeder Seite des Schiffes Rettungsboote für 50 % aller Personen an Bord vorhanden sein sollen sowie Rettungsflöße für 12,5 %. Sind Rettungsflöße in größerer Zahl vorhanden, kann die Verwaltung alternativ eine Quote von 37,5 % für Rettungsboote genehmigen. Um die vom Gesetzgeber geforderte minimale Besetzung von 75 % (37,5 % pro Seite) aller an Bord befindlichen Personen in Booten unterbringen zu können, stehen auf beiden Seiten des Schiffes insgesamt vier Rettungsboote zur Verfügung. Bei einer Evakuierung verteilen sich auf jede Seite 300 Personen in die Boote. Die Einschiffung in die Boote würde dann von Deck 7 aus beginnen. Dieses Deck liegt in luftiger Höhe – etwa zehn Meter hoch über der Wasseroberfläche. M/S „Europa" verfügt auf jeder Seite über zwei Rettungsboote vom Typ SEL-T 11.0. Die Boote sind 11,0 m lang, 4,55 m breit, und bieten Platz für 150 Personen (vgl. Fassmer SEL-T11.0 [Webseite]).

Die Rettungsboote der M/S „Europa" erfüllen eine Doppelfunktion. Die vier Boote sind sowohl als Rettungsmittel als auch zur Beförderung von bis zu 100 Passagieren im Tenderbetrieb zugelassen. Dies kann zur Folge haben, dass Boote mehrmals in der Woche zu Wasser gelassen werden. Um einen schnellen Service anbieten zu können, werden erfahrungsgemäß zwei Fahrzeuge im Pendelverkehr eingesetzt.

**Abbildung 5: Tenderboote**
**Quelle: http://avidcruiser.com/ftdc/2012/02/02/focus-on-lifeboat-drills/9.4.2012**

> „In allen Häfen, in denen die EUROPA [Her. im Original] vor Anker liegt, erfolgt das Ausbooten wenn möglich mit den schiffseigenen Barkassen (Tender) (…)."
> (M/S EUROPA, November 2012 – April 2014, S. 182).

Aus den Reisekatalogen von Hapag-Lloyd Kreuzfahrten geht die Anzahl der Ankerplätze hervor. Dann liegt das Schiff nicht an der Pier, die Gäste werden mit einem Boot an Land gebracht. Der Zeitraum vom 19. Dezember 2011, der ersten Reise aus dem aktuellen Katalog, bis zum 26. September 2013, dem Beginn des nächsten planmäßigen Werftaufenthaltes, entspricht 92 Wochen und drei Tagen. In dieser Zeitspanne werden 52 Reisen angeboten. Von 137 Ankerplätzen soll den Gästen die Möglichkeit angeboten werden, mittels Tenderservice an Land zu gelangen. Würden bei jeder Gelegenheit zwei der vier Tender eingesetzt, würden die Aussetz- und Einholmechanismen dabei 548-mal beansprucht.

Der Gesetzgeber sieht für Kreuzfahrtschiffe *eine* Übung zum Verlassen des Schiffes in der Woche vor. Wie bereits in Abschnitt 4.2.3 erwähnt, soll einmal in der Woche ein Boot seeklar gemacht und dann abgesenkt werden. Wenigstens einmal in drei Monaten soll das Boot im Rahmen der Übung im Wasser manövriert werden. Für einen Zeitraum von 92 Wochen bedeutet das 184 Aussetz- und Einholvorgänge. Bei sieben der Übungen muss dabei das Boot im Wasser bewegt werden.

Die Frequenz, mit der die Rettungsboote und damit die Aussetz- und Einholmechanismen an Bord von M/S „Europa" in Benutzung sind, ist also bedeutend höher, als es der Gesetzgeber verlangt. Die Systeme sind viel häufiger in Betrieb und mit jedem zusätzlichen Einsatz steigt das Risiko eines Absturzes.

## 7.1 Vorschläge zur Verbesserung der Absturzsicherheit

Für Betreiber von Aussetz- und Einholmechanismen sollen die verschärften SOLAS Richtlinien wahrscheinlich im Mai 2012 verabschiedet werden. Die Herstellerwerft der Hakensysteme und Rettungsboote auf M/S „Europa", Fr. Fassmer, hat sich frühzeitig auf die voraussichtlichen Gesetzesänderungen vorbereitet. Sie bietet derzeit zwei Möglichkeiten an, um den möglichen Forderungen der IMO gerecht zu werden. Diese werden in den zwei folgenden Unterkapiteln vorgestellt.

### 7.1.1 Einführung einer Absturzsicherung

M/S „Europa" fährt unter Flagge der Bahamas. Der Flaggenstaat empfiehlt, Absturzsicherungen einzusetzen. Das Informationsschreiben *BMA INFORMATION BULLETIN No. 117* vom 10. August 2009 orientiert sich an dem Rundschreiben MSC 1327 der IMO. Der Flaggenstaat fordert in dem Schreiben alle Schiffseigner auf, die Verbesserungsmöglichkeiten an ihren Aussetzsystemen zu identifizieren. Ob und wann eine Absturzsicherung verwendet werden sollte, liege im Ermessen des Kapitäns. Sofern die Reederei den Einsatz von FPDs fordere, sollen genaue Anweisungen über die Verwendung, Inspektion und Wartung einer Absturzsicherung erteilt werden (vgl. BMA 117, 2009, S. 1 ff.).

In Übereinstimmung mit den Bestimmungen aus den Rundschreiben MSC 1327 und MSC 1392 wird von dem Hakenhersteller, der Firma Fassmer, eine Absturzsicherung angeboten. Das Heißhakengeschirr der Rettungsboote an Bord von M/S „Europa" ist vom Typ Duplex. Die Duplex-Haken sind ab Werk bereits mit einer Bohrung versehen, in diese kann ein Sicherungsstift ohne technische Veränderungen eingebracht werden.

### 7.1.2 Umrüstung Duplex-„E2"

**Abbildung 6: Duplex-Haken mit Anti-Blockiersystem**
**Quelle: Fassmer 2011, S. 3**

Die Firma Fassmer bietet für ihre Duplex-Haken ein Umrüstungsset an. In dem Set sind die Sicherungsstifte zur Absturzsicherung enthalten. Aufgerüstet entsprechen die alten Haken dann dem neuesten Produkt. Das neue Hakenmodell von Fassmer ist das Modell Duplex-„E2". Dieser Typ unterscheidet sich in vielen Punkten von seinem Vorgänger. Es wird erwartet, dass dieses Hakendesign mit minimalen Änderungen den zukünftigen SOLAS-Vorschriften entsprechen kann. Das Prüfverfahren in Übereinstimmung mit MSC.1/Rundschreiben 1392 ist anhängig und das Ergebnis wird nicht später als bis zum 01.07.2013 erwartet. Die Besonderheit des neuen Hakens ist das patentierte Anti-Blockiersystem. Die Sicherungsstifte sollen ein ungewolltes Auslösen verhindern, denn erst nachdem beide Sicherungsstifte entfernt sind, ist der Auslösevorgang möglich. Solange sich die Absturzsicherungen in ihrer Position befinden, verhindert ein spezielles Blech am Hakenmechanismus den Auslösevorgang. Mit diesem von Fassmer gebrauchsmustergeschützten Anti-Blockiersystem kann es also nicht zu einer ungewollten Blockade des Hakens durch Auslösen bei eingesteckten Sicherungsstiften kommen. Nach Herstellerangaben ist der Duplex-„E2" zudem wartungsarm, ein Schmieren dieser Haken durch die Bordbesatzung ist nicht mehr notwendig. Das Fetten beweglicher Teile erfolgt im Rahmen der jährlichen Wartung, und sämtliche Wartungsarbeiten obliegen einem Techniker beziehungsweise einem Vertreter des Herstellers.

## 7.2 Handlungsempfehlungen für das Schiffsmanagement

An Bord von M/S „Europa" sind viele Systeme doppelt ausgeführt und abgesichert. Die Hakensysteme der Rettungsboote sind nicht mit einer Absturzsicherung ausgestattet, die Besatzung muss sich auf die Zuverlässigkeit von System und Anwender verlassen. Die Rettungsboote sind für den Fall aus einer Höhe von mindestens drei Metern über der Wasseroberfläche konstruiert (vgl. IMO, 2010, S. 36). Um den in Kapitel 5 beschriebenen Gefahren zu begegnen und gegen Abstürze aus größeren Höhen gefeit zu sein, sollte den Forderungen von IMO und Flaggenstaat nachgekommen werden.

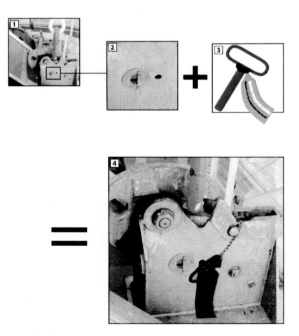

**Abbildung 7: Einführung einer Absturzsicherung**
**Quelle: Foto des Verfassers**

Die Umrüstung auf den neuen Standard Duplex-„E2" erfordert Eingriffe in den Haken. Diese dürfen nur von durch den Hersteller autorisierten Monteuren vorgenommen werden und es entstehen Aufwendungen für die Anreise der Techniker. Absturzsicherungsstifte hingegen können mit geringem Aufwand und binnen kürzester Zeit an Bord geschickt werden. Sie werden durch den Hersteller des Hakens, Fr. Fassmer, einzeln und als Paket gemeinsam mit den anderen Bauteilen zur Umrüstung auf Duplex-„E2" angeboten. Würde also anstelle der einzelnen Absturzsicherungen gleich das gesamte Set an Bord geschickt, entstehen mit der Anschaffung einer Absturzsicherung keine zusätzlichen Materialkosten. Sämtliche Teile für eine spätere Umrüstung auf den Standard Duplex-„E2" wären dann bereits angeschafft. Wie in **Abbildung 7**.1 bis 7.4 des Hakens der M/S „Europa" deutlich zu erkennen ist, können die FPDs verwendet werden, sobald sie an Bord eintreffen. Auch würden mögliche Versorgungsengpässe des Sets umgangen. Derzeit beträgt die Lieferzeit mehrere Wochen.

Der Einsatz von Absturzsicherungen ohne das Anti-Blockiersystem kann problematisch werden. FPDs sind rechtzeitig vor dem Auslösevorgang zu entfernen, etwa wenn das Boot bis auf einen Meter über die Wasseroberfläche gefiert wurde. Sollte die Entfernung der FPDs vor dem Auslösen durch die Bootsbesatzung vergessen worden oder aus irgendeinem anderen Grund unmöglich sein, stehen die FPDs unter Last. Möglicherweise lassen sich die FPDs nicht ohne Entlastung entfernen. Sollte das Fieren des Bootes nicht möglich sein, lassen sich Rettungsboot und Haken nicht trennen. In diesem Fall käme es zu einem Szenario, in welchem – ähnlich wie bereits im Jahre 1980 auf der Bohrinsel „Alexander Kielland" – die Bootsbesatzung das Boot nicht wie vorgesehen von den Haken lösen kann. Die technische Möglichkeit, das Boot unter Last auslösen zu können, wäre dann nicht gegeben.

Im normalen Bordbetrieb kann das Personal in den Booten auf die Unterstützung der Kollegen an Deck vertrauen. Kommt es aber zu einem Notfall, sind personelle und zeitliche Ressourcen knapp und für einen solchen Vorfall fehlt es an Vorschriften. Ein spezielles Hilfsmittel oder Werkzeug zur Trennung von Boot und Auslösevorrichtung an Bord eines Rettungsbootes ist nicht ausrüstungspflichtig. An dieser Stelle weisen die Richtlinien Lücken auf.

In Anbetracht dieser Umstände sollten FPDs nach Meinung des Verfassers und entgegen der Empfehlung der IMO *nicht* permanent am Rettungsboot angebracht sein. Bei Übungen und Routinemanövern ist der Einsatz von FPDs unbedenklich, im Seenotfall aber sollte situativ entschieden werden, ob die äußeren Gegebenheiten, zum Beispiel schwerer Seegang, den Einsatz von FPDs zulassen. Ihre Entfernung könnte mit zusätzlichen Gefahren verbunden sein und über ihre Verwendung sollte im Zweifelsfall vorher von der Schiffsführung entschieden werden.

Die Sicherungsstifte sind als eine vorläufige Maßnahme zur Gefahrenminderung zu empfehlen (es sei denn Absturzsicherungsstifte sind ein integraler Bestandteil des Systems wie im Beispiel unter 7.1.2 beschrieben). Jedoch sind sie nicht als Ersatz für ein sicheres Hakensystem zu erachten. Sie können lediglich die Gefahr einer ungewollten Trennung von Haken und Rettungsboot reduzieren. Schlussendlich muss der Mechanismus als solches sicher gebaut sein. Um diese Ziel zu erreichen, verspricht eine neue Generation von Haken Schutz.

Einige der Mitbewerber auf dem Kreuzfahrtmarkt haben schon gehandelt. Ihre Hakensysteme sind auf dem modernsten Stand der Technik. Als Beispiel sei M/S „Grand Princess" der Reederei Princess Cruises genannt. Im April 2011 wurden sämtliche Hakensysteme erneuert. Dieser Schritt zeugt von verbesserter Risikoprävention und Sicherheit für Boot, Besatzung und Passagiere (vgl. Survival Systems International, 2011).

Für alle Beteiligten, Reeder, Flaggenstaaten, Klassifikationsgesellschaften und Hersteller zeichnet sich ohnehin *Handlungsbedarf zwischen 2014 und 2019* ab. Mit der ersten Dockung nach dem 1. Juli 2014 sollen die Hakensysteme den neuen Richtlinien entsprechend umgerüstet werden. Wird die Entschließung 1392 (siehe Abschnitt 6.2.2) umgesetzt, müssen sämtliche Hakensysteme geprüft werden. Alle Hakensysteme, die diese Prüfungen nicht bestehen, müssen dann ausgetauscht oder mindestens modifiziert werden. Einer Schätzung von Harry Klaverstijn, technischer Vorsitzender der „International Life-saving Appliance Manufacturers' Association" (ILAMA) zufolge, sind bis zu 90 000 Haken von einem Austausch betroffen (vgl. PST, Spring 2012, S. 51 ff.).

Nach Angaben der Reederei wird M/S „Europa" alle zwei Jahre in der Werft trockengedockt. In dieser Zeit werden auch die Rettungsboote gewartet. Die nächsten Dockungen der „Europa" sind für die Jahre 2013 und 2015 geplant. Daher ist zu erwarten, dass die Hakensysteme an Bord spätestens im Jahr 2015 aufgearbeitet sein müssen.

Der *nächste Werftaufenthalt für die M/S „Europa"* ist für die Zeit vom 26. September bis 9. Oktober 2013 geplant. Die Rettungsboote werden dann im Herstellerwerk generalüberholt. Die Duplex-Haken, die an Bord von M/S „Europa" vorhanden sind, können nach Angaben des Herstellers innerhalb dieses Services auf den neuen Standard Duplex-„E2" gebracht werden. Dieser Zeitpunkt wäre eine gute Gelegenheit, frühzeitig eine Aufarbeitung der Hakensysteme vorzunehmen. Es entstünde kein zusätzlicher Aufwand für Reisekosten von Technikern, außerdem käme es nicht zu Störungen, Verzögerungen oder Ausfällen im Betriebsablauf. Darüber hinaus ist zu erwarten, dass die Verfahren bei Gesetzgeber und Hersteller bis zu diesem Zeitpunkt abgeschlossen sein werden. Die Umrüstung kann vorausschauend auf Basis bereits geprüfter, zertifizierter Systeme und verabschiedeter Regeln erfolgen.

Der Termindruck bei den Herstellern in Anbetracht der vielen zu erwartenden Umrüstungen sollte berücksichtigt werden. Die Kapazitäten der Techniker sind begrenzt, eine frühzeitige und langfristige Planung ist notwendig. Auch der Schutz von Image, Eigentum und insbesondere von Menschenleben sollte ernst genommen werden. Aus diesen Gründen ist eine frühzeitige Aufwertung der Haken durch die daraus resultierende Verbesserung der Sicherheit für September 2013 unbedingt zu empfehlen.

In der verbleibenden Zeit werden die Einhol- und Aussetzmechanismen noch rund 500-mal verwendet. Um ein unbeabsichtigtes Auslösen zu verhindern, sollte den Forderungen von IMO und Flaggenstaat nachgekommen werden und die acht Absturzsicherungen für die M/S „Europa" sollten unverzüglich angeschafft werden. Die Investitionskosten amortisieren sich mit der späteren Umrüstung zu dem Duplex-„E2"-Standard.

Das Unternehmen sollte, gegebenenfalls unter Einbeziehung von Prüflisten, Verfahren einführen und mit Plänen und Anweisungen den Einsatz von Absturzsicherungen genau beschreiben. Notfälle sollten gesondert betrachtet werden. Solange das Hakensystem nicht auf den Standard Duplex-„E2" verbessert wurde, sollte dem Kapitän Handlungsspielraum zur Verwendung von FPDs eingeräumt werden. Die verschiedenen Aufgaben im Umgang mit FPDs sollten festgelegt und solchen Mitarbeitern zugewiesen werden, die zur Wahrnehmung der jeweiligen Aufgabe befähigt sind. Das Rettungsbootpersonal sollte durch den Kapitän beziehungsweise durch seine Vertreter mit der Handhabung der FPDs vertraut gemacht werden und den richtigen Umgang mit ihnen regelmäßig üben.

# 8 Fazit

Der Fall der „Alexander Kielland" im Jahre 1980 revolutionierte letztendlich die Rettungsbootssysteme, im Mai 2012 sollen striktere Sicherheitskriterien von Hakensystemen gesetzlich verankert werden. Die Defizite und Probleme wurden erkannt und analysiert, schlussendlich hat die IMO durchgreifend reagiert. Der Weg dorthin war lang und schwierig, und die Frage, ob mehr als dreißig Jahre für (dringende) Änderungen von Regelwerken für eine hohe Effizienz des politischen Apparates sprechen, soll hier unbeantwortet bleiben.

Von weitaus größerer Bedeutung ist ein wachsendes Bewusstsein für den Schutz von Menschenleben und die kontinuierliche Optimierung der Arbeitssicherheit an Bord. Qualität und Sicherheit haben ihren Preis, aber der Verlust eines Menschenlebens bleibt durch nichts zu ersetzen. Da es heute die technischen Möglichkeiten und Gegebenheiten einer verbesserten Sicherheit bei Rettungsbootsmanövern gibt, sollten diese zum nächstmöglichen Zeitpunkt (voll) ausgeschöpft werden.

Der Einsatz eines Sicherungsstiftes kann vor einem unbeabsichtigten Öffnen des Hakens schützen, Stroppen oder Gurte bewahren (hoffentlich) das Boot vor einem tiefen Sturz. Der geringe Aufwand überzeugt, die Investition ist nachhaltig. Eine Einführung von Absturzsicherungen allein stellt lediglich eine Lösung für den Übergang dar. Trotz der damit verbundenen Risiken spricht der Schutz gegen unbeabsichtigtes Auslösen der Haken *für* ihren Einsatz. Die Sicherungsbolzen können vergleichsweise schnell an Bord gelangen und wären sofort einsatzbereit. Die unmittelbare Umrüstung auf den verbesserten Hakentyp hingegen ist die wohl sicherste Variante, allerdings wird sich die nächste günstige Gelegenheit dazu vermutlich erst in der kommenden Werftzeit bieten.

Dass dieser Aufwand schließlich betrieben werden muss, scheint derzeit unabdingbar. Die Investitionen aus kommerziellen Gründen infrage zu stellen, kann keine ernsthaft zu erwägende Option sein.

Die Gefahren des Aussetzens und Einholens der Boote und die Möglichkeiten, diese Gefahren abzuwenden, sind nun bekannt. Die Regeln, Vorschriften, und Weiterentwicklungen setzen der Sicherheit der nächsten Generation von Rettungsbooten neue Maßstäbe. Voraussichtlich im Mai 2012 werden diese neuen Vorschriften verbindlich.

Zu welchem Zeitpunkt die Forderungen der IMO spätestens erfüllt werden, liegt allein in der Sicherheitskultur und dem Verständnis von Arbeitssicherheit der Betreiber von Rettungsbootanlagen. Die schnellstmögliche Erneuerung der Haken minimiert die Risiken an Auslöseanlagen und ist das Bekenntnis zu den neuen Leitgedanken im Sinne der UVV-See. Sollten überdies viele der Aussetz- und Einholmechanismen erst zum Ende der fünf-jährigen Umrüstungsperiode umgerüstet werden, sind zeitliche Engpässe bei den Technikern für das Jahr 2019 (und früher) zu erwarten. Auch deshalb ist es zu empfehlen, vorrauschauend zu handeln.

Eine nur für Mitglieder der BIMCO zugängliche Studie zum Einsatz von Absturzsicherungen, die dem Verfasser kurz vor Fertigstellung dieser Arbeit zur Verfügung gestellt wurde, ergab vergleichbare Ergebnisse wie die vorliegende Arbeit und äußert ebenfalls ähnliche Bedenken zur Verwendung von FPDs in Notfällen (vgl. BIMCO, o. J.).

Die anderen drei Kreuzfahrtschiffe der Flotte (M/S „Bremen", M/S „Columbus" und M/S „Hanseatic") verfügen auch über Tenderboote. Die IMO stellt ab Juli 2013 eine Datenbank zur Verfügung, aus der zu erkennen ist, ob ein Hakensystem den neuen Sicherheitskriterien entspricht. Ist dies nicht der Fall, kann nach Rücksprache mit dem Hersteller festgestellt werden, ob das System gegebenenfalls modifiziert werden kann oder ob es ausgetauscht werden muss. Für den Übergang und bis zur Feststellung der jeweiligen Verhältnisse sollten Absturzsicherungen auch an Bord dieser Schiffe verwendet werden.

# 9 Ausblick

Das Konzept der Rettungsboote, wie wir es heute aus der betrieblichen Praxis kennen, ist mehr als 100 Jahre alt. Die Konzeption stammt aus einer Ära, in der Rettungsboote auch noch dem Zweck der Fortbewegung dienten. Heute hat das Global Maritime Distress and Safety System (GMDSS) die Kommunikationsmöglichkeiten grundlegend verändert. Moderne Technik ermöglicht es, innerhalb kürzester Zeit einen Notruf abzugeben. Schiffe in der Umgebung erhalten durch einen Knopfdruck eine genaue Angabe der Position des Unglücksortes. Somit ist es theoretisch nicht einmal mehr notwendig, dass Rettungsboote einen eigenen Antrieb benötigen. Zum Verlassen der Unglücksstelle, beispielsweise bei Feuer, könnten bordeigene Schleppfahrzeuge sämtliche Rettungsflöße und Personen bergen (vgl. MAIB, 2001, S. 2).

Es ist also an der Zeit, die gesamte Idee des Systems des bisherigen Rettungssystems, nämlich hunderte Menschen mit einem Verwandten des „Flaschenzuges" zu retten, in Frage zu stellen.

Die Größe der Riesenschiffe der Kreuzfahrtindustrie wird auch in Zukunft weiter zunehmen. Schon bei den jetzt üblichen Schiffsgrößen ist es fraglich, ob und wie die Personenströme bei Panik gelenkt und evakuiert werden können. Ob ein Rettungssystem, dessen Bedienung fundiertes Wissen und häufige Übung erfordert, überhaupt für eine Massenevakuierung geeignet sein kann und muss, haben die verantwortlichen Institutionen gründlich zu untersuchen.

Durch den Personalabbau der Fachkräfte an Deck, die meist am besten mit der Bedienung der Aussetz- und Einholmechanismen der Boote vertraut sind, werden die Risiken weiter erhöht. Die wenigen Fachkräfte mit seemännischen Kenntnissen haben für Notfälle oft mehrere Aufgaben, die Fachkenntnisse erfordern, dazu zählen beispielsweise Brandbekämpfung, Personenrettung und Rettungsbootbedienung. Bei komplexen Notsituationen sind diese Personen schlicht überfordert.

Deshalb muss ein Passagierschiff eigentlich besser gegen Schiffbruch geschützt werden, denn das Schiff selbst bleibt mit all seiner Ausrüstung, und ohne die Notwendigkeit einer Ausschiffung bis dato das bessere Rettungsboot.

Um Schiffe besser gegen Schiffbruch zu schützen, gibt es bereits erste Ansätze, beispielsweise die Idee, die Schwimmfähigkeit auch bei großen Leckagen durch eine Veränderung von Bau- und Konstruktionsvorschriften aufrechtzuerhalten (vgl. IMO [MSC.1/1214], 2006, S. 1 ff.). Derartige Konzepte sollten möglichst schnell weiter erforscht werden, nur dann können auch in Zukunft (noch) mehr Überlebende aus Seenot gerettet werden.

# 10 Quellenverzeichnis

Baltic and International Maritime Council BIMCO 2010, 27. Oktober – last update, *IMO - lifeboat release hooks* [Homepage of BIMCO], [Online]. Available: https://www.bimco.org/News/2010/10/27_IMO_-_lifeboat_release_hooks.aspx [2012, 09. April].

Baltic and International Maritime Council BIMCO, o. J. *Lifeboat Safety – Fall Preventer Devices. A User Guide.* Bagsvaerd.

Benedict, K., Brauner, R., Wand, C. & Berking, B. 2011, *Handbuch Nautik Bd. 2: T1 Technische und betriebliche Schiffsführung*, Seehafen-Verl., DVV Media Group, Hamburg.

BG-Verkehr [MSC.1/Circ. 1206], *Nr. 172 **Maßnahmen zur Verhinderung von Unfällen mit Rettungsbooten (MSC.1/Circ. 1206 Rev.1)*** [Homepage of IMO], [Online]. Available: http://www.bg-verkehr.de/service/downloads/dienststelle-schiffssicherheit/servicestationen/MSC.1Circ.%201206%20Rev.1_deutsch.pdf [2012, 07. April].

Bundesstelle für Seeunfalluntersuchung BSU [21/06] 2007, 03. Dezember-last update, *Sehr schwerer Seeunfall Tod von zwei Besatzungsmitgliedern beim Absturz eines Rettungsbootes des TMS OLIVER JACOB bei Rettungsbootsmanöver am 21. Januar 2006 vor der Küste von Kamerun* [Homepage of BSU], [Online]. Available: http://www.bsu-bund.de/cln_030/nn_111268/SharedDocs/pdf/DE/Unfallberichte/2007/Ubericht__21__06,templateId=raw,property=publicationFile.pdf/Ubericht_21_06.pdf [2012, 07. April].

Bundesstelle für Seeunfalluntersuchung BSU [215/07] 2008, 16. Juni-last update, *Untersuchungsbericht 215/07*
*Sehr schwerer Seeunfall*
*Tod von zwei Besatzungsmitgliedern beim Absturz des Rettungsbootes des MS FOREST-1 während eines Rettungsbootsmanövers am 16. Mai 2007 in Emden* [Homepage of BSU], [Online]. Available: http://www.bsu-bund.de/cln_030/nn_222802/SharedDocs/pdf/DE/Unfallberichte/2008/Ubericht__215__07,templateId=raw,property=publicationFile.pdf/Ubericht_215_07.pdf [2012, 09. April].

Bundesstelle für Seeunfalluntersuchung BSU [554/07] 2008, 01. August-last update, *Verletzte Person beim Absturz des Rettungsbootes des MS MSC GRACE auf Neue Weser Nord-Reede am 31. Oktober 2007* [Homepage of BSU], [Online]. Available: http://www.bsu-bund.de/cln_030/nn_222802/SharedDocs/pdf/DE/Unfallberichte/2008/Ubericht__554__7,templateId=raw,property=publicationFile.pdf/Ubericht_554_7.pdf [2012, 09. April].

Fassmer GmbH & Co. KG o. J., *Fassmer SEL-T11.0* [Homepage of Fassmer], [Online]. Available: http://www.fassmer.de/index.php?id=21 [2012, 09.April].

Fassmer GmbH & Co. KG, Fassmer Duplex Release Systems [Informationsbroschüre]) o. J., *Fassmer Duplex Release Systems*, Berne.

Fassmer GmbH & Co. KG, Security Information, 2011, *Fassmer Service Team*, Berne.

Germanischer Llyod (GL) 2008, *Section 9 Special Requirements for Lifeboats used as Tenders Chapter 4Page 9–1* [Homepage of GL], [Online]. Available: http://www.gl-group.com/infoServices/rules/pdfs/english/schiffst/teil-3/kap-4/englisch/abschn09.pdf [2012, 09. April].

Hapag-Lloyd Kreuzfahrten 2011, *MS EUROPA Die schönste Yacht der Welt*, Hapag-Lloyd Kreuzfahrten, Hamburg.

Hapag-Lloyd Kreuzfahrten, November 2012 - April 2014 2012, *MS EUROPA Ihre schönste Yacht der Welt,* Hapag-Lloyd Kreuzfahrten, Hamburg.

IMO [DE 44] 2001, [Homepage of IMO], [Online]. Available: http://www.imo.org/MediaCentre/MeetingSummaries/DE/Archives/Pages/default.aspx [2012, 21. Februar].

IMO [DE 45] 2002, [Homepage of IMO], [Online]. Available: http://www.imo.org/MediaCentre/MeetingSummaries/DE/Archives/Pages/default.aspx [2012, 21. Februar].

IMO [DE 46] 2003, [Homepage of IMO], [Online]. Available: http://www.imo.org/MediaCentre/MeetingSummaries/DE/Archives/Pages/default.aspx [2012, 21. Februar].

IMO [DE 47] 2004, Available: http://www.imo.org/MediaCentre/MeetingSummaries/DE/Archives/Pages/default.aspx [2012, 21. Februar].

IMO [DE 48] 2005, Available: http://www.imo.org/MediaCentre/MeetingSummaries/DE/Archives/Pages/default.aspx [2012, 21. Februar].

IMO [DE 50] 2007, [Homepage of IMO], [Online]. Available: http://www.imo.org/MediaCentre/MeetingSummaries/DE/Archives/Pages/default.aspx [2012, 21. Februar].

IMO [DE 51] 2008, Available: http://www.imo.org/MediaCentre/MeetingSummaries/DE/Archives/Pages/default.aspx [2012, 21. Februar].

IMO [DE 52] 2009, [Homepage of IMO], [Online]. Available: http://www.imo.org/MediaCentre/MeetingSummaries/DE/Archives/Pages/default.aspx [2012, 21. Februar].

IMO [DE 53] 2010, Available: http://www.imo.org/MediaCentre/MeetingSummaries/DE/Pages/DE-53rd-Session.aspx [2012, 21. Februar].

IMO [DE 54] 2010, [Homepage of IMO], [Online]. Available: http://www.imo.org/MediaCentre/MeetingSummaries/DE/Pages/DE-54th-Session.aspx [2012, 21. Februar].

IMO [DE 55] 2011, Available: http://www.imo.org/MediaCentre/MeetingSummaries/DE/Pages/DE-55th-session.aspx [2012, 21. Februar].

IMO [DE 56] 2012, Available: http://www.imo.org/MediaCentre/MeetingSummaries/DE/Pages/DE-56th-session.aspx [2012, 24. Februar].

IMO [FP 50] 2006, Available: http://www.imo.org/MediaCentre/MeetingSummaries/FP/Archives/Pages/default.aspx [2012, 20. Februar].

IMO [MSC], o.J., *Maritime Safety Committee* [Homepage of International Maritime Organization], [Online]. Available: http://www.imo.org/About/Pages/Structure.aspx [2012, 20. Februar].

IMO [MSC 78], 2. 2004, [Homepage of IMO], [Online]. Available: http://www.imo.org/MediaCentre/MeetingSummaries/MSC/Archives/Pages/default.aspx [2012, 07. April].

IMO [MSC 89] 2011, Available: http://www.imo.org/MediaCentre/MeetingSummaries/MSC/Pages/MSC-89th-session.aspx [2012, 24. Februar].

IMO [MSC 1049] 2011, *Accidents with Lifeboats* [Homepage of IMO], [Online]. Available: http://www.imo.org/blast/blastDataHelper.asp?data_id=5363&filename=1049.pdf [2012, 24. Februar].

IMO [MSC 1205] 2006, *Guidelines for Developing Operation and maintenance Manuals for Liefeboat Systems*, pp. 6–36.

IMO [MSC 1214] 2006, *PERFORMANCE STANDARDS FOR THE SYSTEMS AND SERVICES TO REMAIN OPERATIONAL ON PASSENGER SHIPS FOR SAFE RETURN TO PORT AND ORDERLY EVACUATION AND ABANDONMENT AFTER A CASUALTY* [Homepage of IMO], [Online]. Available: http://www.imo.org/blast/blastDataHelper.asp?data_id=16745&filename=1214.pdf [2012, 09 April].

IMO [MSC 1326] 2009, 13. August-last update, *CLARIFICATION OF SOLAS REGULATION III/19* [Homepage of IMO], [Online]. Available: http://www.nee.gr/downloads/118MSC.1-Circ.1326-11.6.2009.pdf [2012, 09. April].

IMO [Sub-Committee] 2012, [Homepage of IMO], [Online]. Available: http://www.imo.org/About/Pages/Structure.aspx [2012, 20. Februar].

International Maritime Organization [IMO] 2010, *Life-saving appliances : including LSA Code,* IMO, London.

International Maritime Organization [IMO] 2004, *SOLAS : consolidated text of the International Convention for the Safety of Life at Sea, 1974, and its protocol of 1988: articles, annexes and certificates,* London.

Müller, Burkhard 2012: Sicherheit auf gut Deutsch. Interview. In: *Deutsche Seeschifffahrt. Zeitschrift des Verbandes Deutscher Reeder,* Nr. 03/2012, S. 20–21.

Papsch, Christoph 2012: Vorsorge für den Ernstfall. In: *Deutsche Seeschifffahrt. Zeitschrift des Verbandes Deutscher Reeder,* Nr. 03/2012, S. 48–55.

Passenger Ship Technology PST 2012, "lifeboats & davits", no. Spring 2012, pp. 51–55.

Saunders, Aaron: Focus on Lifeboat Drills. Available: http://avidcruiser.com/ftdc/2012/02/02/focus-on-lifeboat-drills [2012, 09. April]

Schat-Harding o. J., *FALL PREVENTER DEVICES – Strops or Slings.*

Survival Systems International 2011, April-last update, **Offshore Lifeboat Manufacturer sought by Cruise Line Industry** [Homepage of Survival Systems International], [Online]. Available: http://www.survivalsystemsinternational.com/lifeboat%20press%20cruise%20line.html [2012, 09. April].

Tagesschau 2012, 14.01.2012 08:20 Uhr-last update, *Ozeanriese auf Grund gelaufen* **Tote und Verletzte bei Schiffsunglück vor Italien** [Homepage of Tagesschau], [Online]. Available: http://www.tagesschau.de/ausland/costaconcordia102.html [2012, 09. April].

The Bahamas Maritime Authority BMA 2009, 10. August-last update, *BMA INFORMATION BULLETIN No. 117LIFEBOAT SAFETY – THE USE OF FALLPREVENTER DEVICES (FPD)Guidance and Instructions for Ship-owners, Managers, Masters, BahamasRecognised Organisations and Bahamas Approved Nautical Inspectors* [Homepage of BMA], [Online]. Available: http://www.bahamasmaritime.com/downloads/Bulletins/117bulltn.pdf [2012, 09. April].

The Marine Accident Investigation Branch's MAIB 2001, *SAFETY STUDY 1/2001 REVIEW OF LIFEBOAT AND LAUNCHING SYSTEMS' ACCIDENTS,* MAIB, UK.

The Maritime and Coastguard Agency MCA 2006, *MCA RESEARCH PROJECT 555 Development of Lifeboat Design,* MCA, UK.

Transport Accident Investigation Commission (TAIC) 2011, 8 January 2011-last update, *Interim Factual ReportMarine Inquiry 11-201Passenger vessel Volendam, lifeboat fatality,port of Lyttelton, New Zealand,* [Homepage of Transport Accident Investigation Commission], [Online]. Available: http://www.taic.org.nz/LinkClick.aspx?fileticket=TOfzNiha%2B1w%3D&tabid=87&language=en-US [2012, 07. April].

Traufetter, Gerald 2012: Todesfalle auf hoher See. In: *Spiegel* 8/2012, S. 116.

Verkehrsblatt (VkBl.) Amtlicher Teil 2008, Nr. 38 **Vorläufige Empfehlungen über Bedingungen für die Autorisierung von Dienstleistern für Rettungsboote, Aussetzvorrichtungen und unter Last auslösbaren Heißhaken (MSC/Circ. 1277),** no. 4 - 2009, pp. 137-139.

Verkehrsblatt (VkBl.) Amtlicher Teil 2009, Nr. 172 **Maßnahmen zur Verhinderung vonUnfällen mit Rettungsbooten(MSC.1/Circ. 1206 Rev.1)** [Homepage of VkBl.], [Online]. Available: http://www.bg-verkehr.de/service/downloads/dienststelle-schiffssicherheit/servicestationen/MSC.1Circ.%201206%20Rev.1_deutsch.pdf [2012, 09. April].

Verkehrsblatt (VkBl.) Amtlicher Teil 2009 Nr. 186 **Richtlinie für das Anbringen und die Verwendung von Vorrichtungen zur Absturzsicherung (MSC.1/ Circ. 1327),** *Verkehrsblatt (VkBl.) Amtlicher Teil,* no. 21, pp. 707-709.

Verkehrsblatt (VkBl.) Amtlicher Teil 2011, Nr. 222 **Bekanntmachung des Rundschreibens des Schiffssicherheitsausschusses MSC.1 Rundschreiben 1392 "Richtlinie für die Bewertung und den Ersatz von Auslöse- und Wiedereinholsystemen für Rettungsboote",** *Verkehrsblatt (VkBl.) Amtlicher Teil,* no. 21, pp. 869-876.

Verkehrsblatt (VkBl.) Amtlicher Teil 2011, Nr. 223 **Bekanntmachung des Rundschreibens des Schiffssicherheitsausschusses MSC.1/Rundschreiben 1393 "Frühzeitige Anwendung der neuen Regel III/1.5 SOLAS",** no. 21, pp. 877-877.

Verkehrsblatt (VkBl.) Amtlicher Teil 2011, Nr. 225 **Bekanntmachung des Rundschreibens des Schiffssicherheitsausschusses Entschließung MSC.320(89) "Annahme von Änderungen des internationalen Rettungsmittel-Codes (LSA-Code)",** no. 21, pp. 878-880.

# Anhang

**Offshore Lifeboat Manufacturer sought by Cruise Line Industry**

Princess Cruise Lines contracts Offshore Lifeboat Manufacturer, Survival Systems International, to replace Lifeboat Release Mechanisms in 22 lifeboats aboard the Grand Princess.

The replacement project was completed in April (2011) on the Grand Princess during a 24-day dry dock at the Grand Bahama Shipyard in Freeport, Bahamas.

*Survival Systems International Technicians lining up the Triple 5 Hook assembly for installation and connection.*

http://www.survivalsystemsinternational.com/lifeboat%20press%20cruise%20line.html
Freitag, 17. Februar 2012